統計スポットライト・シリーズ ③

編集幹事 島谷健一郎・宮岡悦良

P値
その正しい理解と適用

柳川 堯 著

近代科学社

◆ 読者の皆さまへ ◆

平素より，小社の出版物をご愛読くださいまして，まことに有り難うございます．

㈱近代科学社は 1959 年の創立以来，微力ながら出版の立場から科学・工学の発展に寄与すべく尽力してきております．それも，ひとえに皆さまの温かいご支援があってのものと存じ，ここに衷心より御礼申し上げます．

なお，小社では，全出版物に対してHCD（人間中心設計）のコンセプトに基づき，そのユーザビリティを追求しております．本書を通じまして何かお気づきの事柄がございましたら，ぜひ以下の「お問合せ先」までご一報くださいますよう，お願いいたします．

お問合せ先：reader@kindaikagaku.co.jp

なお，本書の制作には，以下が各プロセスに関与いたしました：

・企画：小山　透
・編集：安原悦子，高山哲司
・組版 (LATEX)・印刷・製本・資材管理：藤原印刷
・カバー・表紙デザイン：藤原印刷
・広報宣伝・営業：山口幸治，東條風太

・本書に掲載されている会社名・製品等は，一般に各社の登録商標です．本文中の ⓒ，®，™ 等の表示は省略しています．

・本書の複製権・翻訳権・譲渡権は株式会社近代科学社が保有します．
・JCOPY 〈(社)出版者著作権管理機構 委託出版物〉
本書の無断複写は著作権法上での例外を除き禁じられています．複写される場合は，そのつど事前に(社)出版者著作権管理機構（https://www.jcopy.or.jp, e-mail: info@jcopy.or.jp）の許諾を得てください．

統計スポットライト・シリーズ
刊行の辞

　データを観る目やデータの分析への重要性が高まっている今日，統計手法の学習をする人がしばしば直面する問題として，次の3つが挙げられます．

1. 統計手法の中で使われている数学を用いた理論的側面
2. 実際のデータに対して計算を実行するためのソフトウェアの使い方
3. 数学や計算以前の，そもそもの統計学の考え方や発想

統計学の教科書は，どれもおおむね以上の3点を網羅していますが，逆にそのために個別の問題に対応している部分が限られ，また，分厚い書籍の中のどこでどの問題に触れているのか，初学者にわかりにくいものとなりがちです．

　この「統計スポットライト・シリーズ」の各巻では，3つの問題の中の特定の事項に絞り，その話題を論じていきます．

　1は，統計学（特に，数理統計学）の教科書ならば必ず書いてある事項ですが，統計学全般にわたる教科書では，えてして同じような説明，同じような流れになりがちです．通常の教科書とは異なる切り口で，統計の中の特定の数学や理論的背景に着目して掘り下げていきます．

　2は，ともすれば答え（数値）を求めるためだけに計算ソフトウェアを使いがちですが，それは計算ソフトウェアの使い方として適切とは言えません．実際のデータを統計解析するために計算ソフトウェアをどう使いこなすかを提示していきます．

　3は，データを手にしたとき最初にすべきこと，データ解析で意識しておくべきこと，結果を解釈するときに肝に銘じておきたいこと，その後の解析を見越したデータ収集，等々，統計解析に従事する上で必要とされる見方，考え方を紹介していきます．

一口にデータや統計といっても，それは自然科学，社会科学，人文科学に渡って広く利用されています．各研究者が主にどの分野に身を置くかや，どんなデータに携わってきたかにより，統計学に対する価値観や研究姿勢は大きく異なります．あるいは，データを扱う目的が，真理の発見や探求なのか，予測や実用目的かによっても異なってきます．

　本シリーズはすべて，本文と右端の傍注という構成です．傍注には，本文の補足などに加え，研究者の間で意見が分かれるような，著者個人の主張や好みが混じることもあります．あるいは，最先端の手法であるが故に議論が分かれるものもあるかもしれません．

　そうした統計解析に関する多様な考え方を知る中で，読者はそれぞれ自分に合うやり方や考え方をみつけ，それに準じたデータ解析を進めていくのが妥当なのではないでしょうか．統計学および統計研究者がはらむ多様性も，本シリーズの目指すところです．

　　　　　　　　　　　　　編集委員　島谷健一郎・宮岡悦良

まえがき

 ある薬剤を服用したところ，血圧が下がった．この薬剤の効果で下がったといえるかどうか，考えてみよう．

 何いってんだ．きちんと測ってるんだろうが．血圧が下がったのなら「薬剤の効果」で下がったのにきまっとる．

 世の中には，このような反応をする人たちが結構多い．しかし，果たして「薬剤の効果」で下がったのであろうか．

 血圧の測定値（データ）にはバラつきがある．しかもバラつきが大きいことが知られている．薬剤に効果がなくてもバラツキのためにたまたま血圧が下がったのかもしれない．薬剤の効果によって血圧が下がったと言い切るのは短絡的．ヤバいのではないだろうか．

 P値（ピーチとよむ）は，大雑把にいえば，「血圧が下がったのは，薬剤の効果でありデータのバラツキのためではない」ことを知るためのツールである．なお，論文などでは小文字のpを用いてp-value，あるいは単にpと表されることが多いが，本書ではP値と表記した．

 正確にいえば，P値は，

- データにバラつきがある場合にもし，薬剤の効果（処置効果）がないとしたとき，バラツキだけの原因で評価指標が観測された値以上の大きな値をとる確率

のことである．この確率の値が20回中1回，すなわち5％，以下なら，バラツキだけの原因で評価指標がこのような大きな値をとる可能性は小さい．したがって，処置効果があったと推論する．つまり

 P値 ≤ 0.05 のとき，統計的に処置効果ありとする
 P値 > 0.05 のとき，処置効果ありとは統計的にいえないとする．

 ここで，統計的に処置効果あり，はあくまで「統計的」な判定であ

り，「薬剤の効果があった」という医学的判定とは異なることに注意してほしい．効果ありの「統計的」判定が得られれば，例えば製造販売の許認可を得るさいに実施された臨床試験等の成績を調べ，この患者が除外例のカテゴリーの中に入っていないかなど，他の種々の情報を確認したうえで医学的判断が下される．他方，処置効果ありの「統計的」判定が得られなければ，医学的判断の対象にはなりえない．上で用いた用語「推論」は，このような意味を含んでいる．

上では降圧剤の例で示したが，一般にP値は，データにバラつきがあるあらゆる科学の分野において統計的推論を行うためのツールとして頻繁に使われている．ただし，20回中1回は，100回中1回などでおきかえられることもある．

P値は，医系の分野（看護・リハビリ・福祉・医学の分野など）の報告書や学術論文の中に溢れている．日々，データと接しデータと取り組むこれらの分野の人々は，データの不確実性にもろに直面し，不確実なデータから結論を導かざるを得ない帰納的推論の世界に身を置いている．このため，P値という推論のツールにたよらざるをえないのがその理由である．

他方，数理統計学のテキストの中では，P値は有意確率という名前で，せいぜい1行の数式で定義されるだけで，節を設けてP値の解説をしているテキストは皆無に近い．バラツキに支配されたデータの世界とは無縁の演繹的論理の世界ではP値は，それだけの話題でしかない．医系分野の統計学のテキストでも，その影響を受けて，ページを費やしてP値の解説をしているテキストは多くない．

このギャップが，P値の様々な誤用と誤解をばらまいている．その規模は世界的であり，2016年には，アメリカ合衆国統計協会が声明書を出しP値の間違った理解や誤用に対して注意を喚起した．わが国でも2017年度統計関連学会連合大会で日本計量生物学会，日本計算機学会の2学会が特別セッションを設置してP値の誤用や誤解に対して警鐘を鳴らした．

誤用とは気づかずにP値が適用されている事例は結構多い．「私のP値の理解や使い方は正しいのか」と自問をしていただく必要がある．

P値を正しく理解して適用するためには，まずデータにはバラつきがあること，データのバラツキを確率法則として認識することが必要である．本書は，その基本からP値を解説したわが国最初のテキストである．

　データサイエンスというコトバが流行語として語られ，いくつかの大学ではデータサイエンスを名乗る学部も設置された．データサイエンスは，データを対象にすえて帰納的推論によって新たな発見を導くことを可能にする学問分野である．本書がデータサイエンスの教育に役立つことができれば幸いである．

2018年9月

柳川　堯

目 次

まえがき iii

1 基本的事項

1.1 データの不確実性 1
1.2 データのバラツキと確率法則 2
1.3 正規分布 4
1.4 サンプルサイズとバラツキ 5
1.5 モデルによる真の分布の近似 8

2 P値とは？

2.1 P値とは何か 11
    2.1.1 研究結果は，評価指標を用いて定量的に評価される 11
    2.1.2 評価指標の値はバラツキに支配されている .. 11
    2.1.3 評価指標の値の大きさは，そのバラツキの大きさを勘案して評価する 12
    2.1.4 P値とは 13
2.2 学術論文に見るP値：3つの例 15

3 P値の誤用

3.1 サンプルサイズを無視してP値を有意水準5%で判定する誤り 21
3.2 P値のバラツキを無視して有意水準5%でP値を評価する誤り 24

		3.2.1 シミュレーションの結果	27

- 3.3 医師国家試験の誤出題 30

4 P 値の算出

- 4.1 P 値の算出 32
  - 4.1.1 評価指標 32
  - 4.1.2 評価指標の方向性 34
  - 4.1.3 帰無仮説と対立仮説 35
  - 4.1.4 P 値の数学的表現 36
  - 4.1.5 確率分布モデル 36
- 4.2 統計ソフトからアウトプットされる P 値 38

5 統計的推論と統計的判定：真の検定を求めて

- 5.1 推論と判定 41
  - 5.1.1 統計的推論 41
  - 5.1.2 統計的判定 42
- 5.2 P 値と統計的検定 43
- 5.3 Neyman-Pearson 流検定に対する Fisher の批判 . . 44
- 5.4 真の統計的検定：現代版 45
  - 5.4.1 検証的研究に関する妥当な検定 45
  - 5.4.2 探索的研究に関する妥当な検定 46
- 5.5 P 値と予測値：ベイズ的観点 47

6 サンプルサイズの決定

- 6.1 統計的検定の検出力 50
- 6.2 サンプルサイズの決定：連続型データ 53
  - 6.2.1 2 標本問題：正規分布が仮定できる場合 . . 53
  - 6.2.2 2 標本問題：正規分布が仮定できない場合 . 54
  - 6.2.3 1 標本問題 54
  - 6.2.4 1 標本問題のサンプルサイズ：正規分布が仮定できる場合 56

  6.2.5 1 標本問題のサンプルサイズ：正規分布が仮定できない場合 57

  6.2.6 ランダム化 2 群比較検定と pre-post デザインにおける被験者数の比較 57

 6.3 サンプルサイズの決定：2 値データ 59

  6.3.1 2 標本比率の検定 59

  6.3.2 1 標本比率の検定 60

  6.3.3 pre-post デザインに必要なサンプルサイズ . 62

 6.4 データが計数値で与えられる場合 65

  6.4.1 サンプルサイズ，および追跡期間：2 標本問題 66

  6.4.2 追跡期間：1 標本問題 68

7 P 値と検出力

 7.1 P 値のシミュレーション 71

  7.1.1 シミュレーション (1)：n を検出力に基づくサンプルサイズ決定式で決定したときの P 値の分布 71

  7.1.2 シミュレーション (2)：P 値が小さいほどエビデンス力が高い 75

 7.2 P 値はサンプルサイズが統計的根拠に基づいて決定されていない場合の推論に有効である 77

  7.2.1 シミュレーションの手順 77

  7.2.2 シミュレーションの結果 77

 7.3 P 値に基づく判定の再現性を保証するサンプルサイズ 79

  7.3.1 P 値は，くり返しを前提にしていないかもしれない 80

  7.3.2 観察研究と P 値 81

8 P 値の統合：メタアナリシス

 8.1 問題の提起 84

 8.2 必要な基礎知識 85

  8.2.1 オッズ比 85

		8.2.2	シンプソンのパラドクス	86

        8.2.2 シンプソンのパラドクス 86
        8.2.3 Mantel-Haenszel 法 87
  8.3 統合 P 値: 各試験のデータが手に入る場合 88
  8.4 P 値の統合: 各試験のデータが手に入らない場合 . 90
        8.4.1 H_0 の下での P 値の分布 90
        8.4.2 Fisher の方法による P 値の統合 91
        8.4.3 Stouffer の方法による P 値の統合 93
        8.4.4 統合 P 値の意味 94

9 検定の多重性調整 P 値

  9.1 検定の多重性 97
        9.1.1 検定の多重性の例：ゲノムワイド関連研究 . 97
        9.1.2 数学的準備 98
        9.1.3 FWE 98
        9.1.4 Neyman-Pearson 流検定の多重性の調整 . . 99
        9.1.5 ボンフェロニ多重性調整 100
        9.1.6 GWAS に適用された多重性調整は妥当ではない 101
  9.2 多重性調整 P 値 103
        9.2.1 ボンフェロニ法による多重性調整 P 値 . . . 103
        9.2.2 ボンフェロニ法による多重性調整 P 値：全対比較の場合 104
        9.2.3 ボンフェロニ法による多重性調整 P 値：1 対 K 比較の場合 106
  9.3 ホルム法による多重性調整 P 値 108

あとがき   111

参考文献   113

索 引   115

1 基本的事項

本章では，P 値[1]とは何か，を理解するために知っておきたい最低限の基本的事項を学習する．

[1] 論文などでは，小文字を用いて「p 値」としているものも多いが，本書では大文字で「P 値」と，統一表記することにする．

1.1 データの不確実性

データには不確実性がある

次の例から明らかなように，データをくり返しとるとき，同じ値のデータが再現されるとは限らない．

例 1.1（T.Y 氏の収縮期血圧）　表 1.1 は，10 日間，14:00 に測定した T.Y 氏の収縮期血圧値である．安静状態で測定されているにも関わらず，118 mmHg から 152 mmHg までの範囲にバラついている．

表 1.1　T.Y 氏の収縮期血圧（単位 mmHg）

回数	1	2	3	4	5	6	7	8	9	10
血圧	150	132	144	139	118	135	123	133	152	136

血圧は血管の壁にかかる血液の圧力であるからヒト一人一人に固有の値があるように思われる．しかしながら，表 1.1 は毎回の測定値は異なっており，そうではないことを示している．T.Y.氏の真の血圧が背後に隠れており，測定値は，この真の値の周りにバラついていると考えられる．これを**データのバラツキ**という．バラツキの原因として，測定の状況や測定誤差など測定に関した要因もあるが，血圧そのものが，刻一刻，生物学的に変動しているのである．

ただ 1 回しか測定しなければ，152 mmHg の測定値が出たら高血

データのバラツキ

圧症の疑いあり，と診断される[2]．他方，118 mm の値が出ると正常と診断される．すべてのデータには，データのバラツキによって生じるこのような**不確実性**がある．

1990 年ごろからわが国では，根拠に基づく医療[3] が提唱されている．経験や勘で治療を行うのではなく，データに基づいて治療法の効果を調べ，より効果があり，かつ安全な治療法を選択して治療を行うという考え方である．この流れは，単に医療の分野に限らない．科学・工学から政治・社会に至るまであらゆる分野で「データに基づいて」が強調され，それが科学的であると言われている．

しかしながら，データに基づけばよい，というわけにはいかない．データには例 1.1 でみたような不確実性があるからである．不確実性を認識し，これを読み解き，データの背後に隠れている真実を見つけて根拠としなければ，Evidence Based とはなりえない．

統計学は，限られたデータを相手としており真実を見つけられるほど強力な学問ではない．統計学にできるのは，データから効率よく最大の情報を引き出し，真実を精度よく推測する方法論を提供するだけである．本書で学ぶ P 値とは，不確実性があるデータの背後に隠れている真実を推測するための有用なツールである．統計学の父とよばれる R. A. Fisher によって 1925 年に提案された (Fisher, R. A. [1])[4]．

1.2　データのバラツキと確率法則

データの背後に隠れている真実を，どのようにして読み取るのか．近代統計学が取り組んできた課題の核心そのものであるが，その第一歩は「データのバラツキは確率法則に従って起きる」と考えることから始まる．

図 1.1 の棒グラフは，例 1.1 の延長として，T.Y 氏の 14:00 の収縮期血圧を 100 回測定して 10 mmHg ごとにクラス分けして描いた棒グラフである．ただし，該当クラスに入る血圧値が 100 回中何回であったかの割合がタテ軸にとってある．したがって，この棒グラフの黒く塗られた部分の面積は 1 である．このような棒グラフを，特に**ヒストグラム**という．

[2] あくまで疑いありである．高血圧の確定診断を行うためには，複数の精密検査を受けなければならない．

[3] Evidence based medicine，略して EBM という．

データの不確実性

[4] R. A. Fisher (1890–1962) は，東京で開催された ISI World Statistics Congress, (1960) 参加のため来日した．そのおり，北川敏男教授の招きで九州まで足をのばし，九州大学を訪問されたこともある．本書の著者が大学 3 年生の時であった．

ヒストグラム

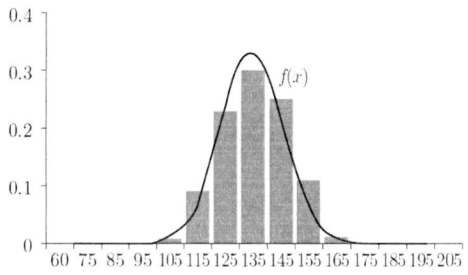

図 1.1 T.Y. 氏血圧 100 回測定値の分布

血圧回数をさらに増やして，クラスの幅を小さくすると，ヒストグラムは図 1.1 に描かれた曲線に限りなく近づく．このような曲線は，縦軸を y，横軸を x で表すと関数

$$y = f(x)$$

で表される．ヒストグラムとの対応より曲線 $f(x)$ は，常に正の値をとり，$f(x)$ と X 軸で囲まれた部分の面積は 1 である．高等学校で学んだ微積を思い出して欲しい．面積は積分で表すことができた．すなわち，数学的に書けば

$$f(x) \geq 0, \quad \int_{-\infty}^{\infty} f(x)dx = 1$$

である．この二つをみたす関数 $f(x)$ のことを**確率密度関数**という． 確率密度関数

収縮期血圧を X で表す．T.Y. 氏の X はバラついているが，図 1.1 は，そのバラツキが確率密度関数 $f(x)$ でつかまえられることを示している．バラツキが $f(x)$ で特徴づけられる X のことを，一般に**確率密度関数 $f(x)$ に従って分布する確率変数**という． 確率変数

確率密度関数による確率の表現

血圧が区間 (a,b) に入る割合を求めるには，(a,b) 内にあるヒストグラムの頻度を足せばよい．つまりヒストグラムの面積を求めればよい．しかし，ことはそう簡単ではない．a または b がクラス棒の内部に入ったときにどうすればよいか分からないからである．しかし，滑らかな曲線 $f(x)$ を用いると便利である．区間 (a,b) と X 軸と $f(x)$ で囲まれた部分の面積を求めればよいからである．

この考えを，数学的に一般化したのが「確率変数 X が区間 (a,b)

に入る確率」という概念である．記号を用いて表すと，次のように表される．

$$P(a < X < b) = \int_a^b f(x)dx$$

例えば，T.Y 氏が「高血圧症の疑いあり」の診断を受ける確率は，次式で表される[5]．

$$P(X \geq 140) = \int_{140}^{\infty} f(x)dx \tag{1.1}$$

[5] 国立循環器病センターのホームページでは，高血圧症診断の基準は収縮期血圧だけについて言えば，140 mmHg 以上とされている．

1.3 正規分布

モデル　確率密度関数 $f(x)$ が具体的に与えられていなければ，(1.1) 式から「高血圧症の疑いあり」の確率を算出することはできない． $f(x)$ は，血圧を測る回数を 1,000 回，10,000 回，... と増やしていったときに初めて特定される関数であるから，いってみれば「神様だけが知っている」関数である．そこで登場するのが，モデルという考え方である．過去の経験や現象の洞察に基づいて，データのバラツキをできるだけ反映しており，かつ数学的に取り扱いやすい関数 $\phi(x)$ を人為的に作成して $f(x)$ の代用とするのである．このような $\phi(x)$ のことを $f(x)$ の**モデル**という[6]．

[6] ϕ はファイと読む．f に対応するギリシャ語のアルファベットである．

連続型データ　ところで，病院で測定される検査値は上に示した血圧値のように，小数第 1 位まで表示される．これは小数第 2 位以下を四捨五入した値であり，精密な測定器で測定すれば小数以下の数字が限りなく続く．このようなデータのことを**連続型データ**という．

正規分布　連続型データのバラツキを表す $f(x)$ のモデルとして，最もよく用いられるのは，次の $\phi(x)$ である．これを**正規分布**という．

$$\phi(x) = \frac{1}{\sqrt{2\pi\sigma^2}} \exp\left\{-\frac{(x-\mu)^2}{2\sigma^2}\right\}$$

$\phi(x)$ は，図 1.2 に見られるように左右対称，釣り鐘型の形状をしており，対称軸が $x = \mu$．対称軸からスソの変曲点までの距離が σ である．μ を正規分布の**平均**，σ^2 を正規分布の**分散**という．この分布を記号で N (μ, σ^2) で表す[7]．

μ と σ は未知の**パラメータ**である．μ と σ の値を指定すると $\phi(x)$

連続型データ
正規分布

[7] μ は，ミューと読む．英語では平均のことを mean というが m に対応するギリシャ語のアルファベットである．σ はシグマとよむ．分散の平方根を標準偏差といい，標準偏差のことを英語で standard deviation という．この先頭の文字 s に対応するギリシャ語のアルファベットである．

パラメータ

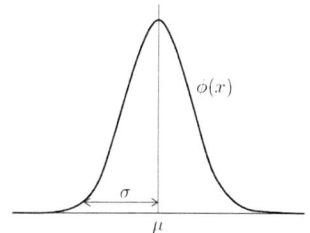

図 1.2 平均 μ, 分散 σ^2 の正規分布

は確定する．したがって，(1.1) 式の f を ϕ でおきかえれば，確率が算出できる．

表 1.1 のデータから求めると，収縮期血圧の平均 $= 136\,\mathrm{mmHg}$, 分散 $= 116.6\ (= 10.8^2)$ であった．図 1.1 に描かれた滑らかな曲線は，$\mu = 136$, $\sigma = 10.8$ の正規分布である．T.Y. 氏の収縮期血圧データのバラツキを極めてよく近似している．

ちなみに，図 1.1 の真の分布 $f(x)$ を，正規分布モデル $\mathrm{N}\,(136, 10.8^2)$ で近似して T.Y. 氏が「高血圧の疑いあり」と診断される確率を (1.1) 式から求めると，約 36% である[8]．

一般に，データにバラツキがあるとき，バラツキを確率分布としてとらえ，ある事象の生起を確率的評価する考え方を**統計的推測**という．

統計的推測

[8] Excel に格納されている関数キーをクリックして統計関数の中から NORMDIST を選択すれば血圧 < 140 の確率がアウトプットされるので血圧 ≥ 140 の確率は，1 からこの確率を引けば求めることができる．

1.4 サンプルサイズとバラツキ

確率変数 X が正規分布 $\mathrm{N}\,(\mu, \sigma^2)$ という数学モデルにしたがうと想定する．この確率変数を独立試行[9]によってくり返し n 回観測したデータを $X_1, X_2, \ldots, X_n$ とする．このとき，標本平均と標本分散は，次式で表される．

$$\bar{X} = \frac{1}{n}\sum_{i=1}^{n} X_i, \qquad S^2 = \frac{1}{n-1}\sum_{i=1}^{n} (X_i - \bar{X})^2$$

標本平均のバラツキ 標本平均 $\bar{X}$ もまた，データの関数であるからバラついている．そのバラツキは正規分布に従い，平均は μ, 分散は σ^2/n である[10]．つまり，$\bar{X}$ が従う分布の平均は X の分布の平

[9] 観測が，毎回，他の回の観測結果に無関係に独立である試行を**独立試行**という．

[10] 柳川・荒木[10], 定理 3.12, p.86 参照．

均と同一であるが，その分散は $1/n$ 倍となる．

この事実は，μ の値を推定したいとき極めて重要である．n 個のデータをとり，その平均値で推定すると μ の値を知ることができ，しかもサンプルサイズ n を増やせば増やすほど，図 1.3 に示されているように，バラツキの幅が小さくなり精度が高い推定を行うことができるからである．

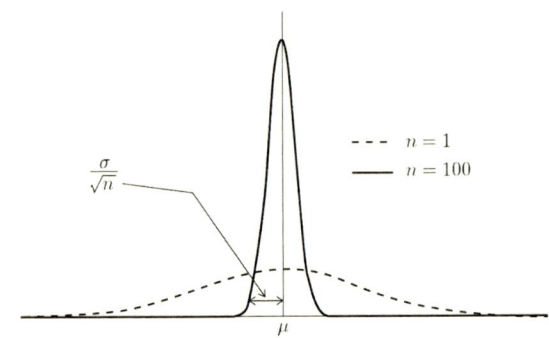

図 1.3 サンプルサイズ n に基づく標本平均の分布

信頼区間 μ の推定精度を表すモノサシの一つとして，次で定義される区間が提案されている．ただし，S は標本分散の正の平方根である．

$$\bar{X} - t_{n-1}(0.025)\frac{S}{\sqrt{n}} < \mu < \bar{X} + t_{n-1}(0.025)\frac{S}{\sqrt{n}} \qquad (1.2)$$

この区間は，サンプルサイズ n のデータを 100 セットとってこの区間を作ると，そのうち 95 個の区間が真の μ の値を含んでいるという意味をもっており，**信頼度 95% の μ の信頼区間**という．なお，$t_{n-1}(0.025)$ は **t-分布の上側 2.5% 点**とよばれ Excel から求めることができる[11]．

図 1.4 に，$S=5,10$，$n = 10, 20, \ldots, 100$ の場合にヨコ軸に n をとり (1.2) 式の 95% 信頼区間の上限を与えた．図より信頼区間の上限は，サンプルサイズ n が小さければ小さいほど大きいことが分かる．信頼区間の幅は［$2 \times$ 信頼区間の上限］であるから，サンプルサイズ n が小さければ小さいほど 95% 信頼区間の幅は大きいこと，また，$S = 5$ のときよりも $S = 10$ のときの方が大きいことが分か

信頼区間

[11] Excel の関数キーの統計関数の中から TINV を選択し，[確率] に 0.05，[自由度] に $n-1$ を入れて [OK] を押す．例えば $n = 10$ のとき，自由度は 9 となり，$t_9(0.025) = 2.26$ を得る．

る．いいかえれば，信頼区間の幅が大きいということは，データのバラツキ σ に比べてサンプルサイズ n が小さいこと，したがって平均値 μ に対する推定精度が良くないことを表す．

本書の第 3 章では，P 値の誤用について解説するが，誤用を避けるためには，信頼区間を P 値と併せて解釈することが推奨される．

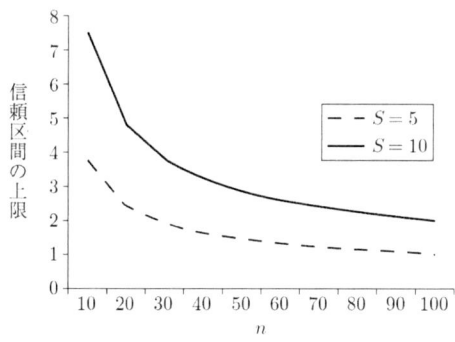

図 1.4 サンプルサイズ n と信頼区間の上限

診断確率のバラツキ　上で，正規分布モデル N $(136, 10.8^2)$ で近似して T.Y. 氏が「1 回の測定で高血圧の疑いあり」と診断される確率を求めたところ約 36% であった．これは，表 1.1 の 10 個の血圧測定値から求めた標本平均 136，標本分散 10.8^2 を正規分布の平均と分散に代用した結果である．標本平均，標本分散はバラついているので，求めた診断確率もバラついている．

表 1.2 は，サンプルサイズ（測定回数）が $n = 2, 4, 10$ の場合にこの診断確率のバラツキをシミュレーションで求めた結果である．表より，「高血圧症の疑いあり」，すなわち収縮期血圧 $\geq 140\,\mathrm{mmHg}$ と診断される確率は $n = 2$ のとき 37% あること，これに対して $n = 4$ のときは 20%，$n = 10$ では 6% しかないことが分かる．逆に言えば，$n = 10$ では誤診断確率が 6% しかないが，$n = 2$ のときは 37% もあるということである．また表より，$n = 10$ のとき $130\,\mathrm{mmHg}$ 以下の確率は 4% であるのに対して $n = 2$ のときは 20% もあることも分かる．サンプルサイズが小さいほど標本平均のバラツキは大きいからである．

表 1.2 「高血圧症の疑いあり」診断確率の分布

サンプルサイズ（測定回数）$n=2,4,10$ のとき

収縮期血圧	$n=2$（累積%）	$n=4$（累積%）	$n=10$（累積%）
$120 \geq \sim$	1 (1)	0 (0)	0 (0)
$130 \geq \sim > 120$	19 (20)	17 (17)	4 (4)
$140 \geq \sim > 130$	43 (63)	63 (80)	90 (94)
$150 \geq \sim > 140$	32 (95)	20 (100)	6 (100)
$160 \geq \sim > 150$	5 (100)	0 (100)	0 (100)

1.5 モデルによる真の分布の近似

広く適用されている統計的手法の多くは，バラツキの真の確率分布 $f(x)$ を，正規分布モデル $\phi(x)$ で近似した上に成り立っている．今日のように統計的手法の適用範囲が広がると，この近似の妥当性が疑わしい場合が生じる．次の例について考えてみよう．

例 1.2（メタボ検診で測定された中性脂肪の値）

図 1.5 は，メタボ検診で測定された 40 歳以上男性 1,565 人の中性脂肪 (TG, tryglyceride) の測定値のヒストグラムである．TG の基準値は $50 \sim 149\,\mathrm{mg/dl}$ の範囲とされているが，図は $150\,\mathrm{mg/dl}$ 以上の男性がとても多いこと，中には $800\,\mathrm{mg/dl}$ 以上の異常に大きな値（異常値）を示す男性もいることが分かる．健常人の臨床検査値や疾患にかかった患者の臨床検査値の中には，図 1.5 に見られるような右に長いスソをもって分布しているものが多い．

連続型データ解析に関する市販の統計ソフトの多くは，データが正規分布モデルにしたがうことを前提としている．右に長いスソを

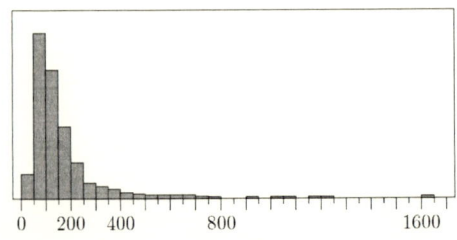

図 1.5 メタボ検診: 1,565 人男性の TG 測定値の分布

もって分布しているデータに，左右対称釣鐘型の正規分布モデルを当てはめて解析しても，正しい結果は得られない．

例 1.3（例 1.2 のつづき）

図 1.6 は，図 1.5 の男性 1,565 人の TG 測定値を対数変換[12] で変換して作成したヒストグラム，およびこのヒストグラムに当てはめた正規分布モデルの曲線である．正規分布モデルが，かなりよく当てはまっている様子が分かる．このように，重いスソを引いた分布に従うデータは，対数変換などで変換すると正規分布モデルが当てはまり，市販の統計ソフトを適用して解析することが可能となる．

[12] 関数 $\log_e(\cdot)$ による変換のこと．

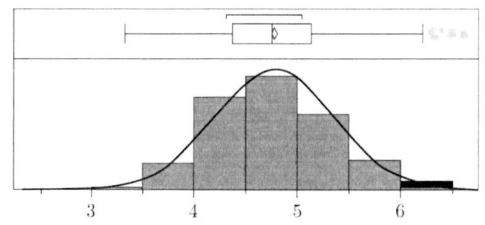

図 1.6 図 1.5 の測定値を対数変換した値の分布

しかしながら，図 1.6 を良く吟味すると，右スソの部分では正規分布の当てはめが良くない．すなわち，ヒストグラムが示唆する真の分布の右スソは正規分布の右スソより重い．

このことは，たとえば，TG 値が 200 mg/dl 以上である確率をこのデータから算出するとき，たとえ対数変換して解析しても，既成の統計ソフトを適用して算出すれば，真の確率を過少評価することを意味する．

図 1.6 の上部には**外れ値の箱ひげ図**も与えてある[13]．右側のひげの先端より大きなデータが全部で 23 個ある．これらが外れ値（異常値）である．これらの外れ値 23 個を除外すると，正規分布モデルの当てはめは格段と良くなるが，これらを異常値として除外できるかどうかについては，研究の目的等にもよりケースバイケースである．いずれにしても，正規分布モデルは，あくまで真の分布のモデルにすぎず，乖離があることに常に留意しておく必要がある．

[13] 統計ソフト JMP によるアウトプット．外れ値の箱ひげ図の読み方．箱の右端：分布の 75% 点．箱の左端：分布の 25% 点．ヒゲの右先端：（箱の右端－箱の左端）× 1.5 までにある最大のデータ．ヒゲの左先端：（箱の右端－箱の左端）× 1.5 までにある最小のデータ．外れ値：ヒゲからはみ出たデータ．

■■■ 第1章のまとめ ■■■

- **データのバラツキ** データのバラツキに的確に対処しなければ,データの背後に隠れた真実を推測することはできない.
- **統計的推測** 隠れた真実を推測するための第一歩は,データのバラツキを確率分布でモデル化すること.次に,このモデルの上に立って統計的推測を行うことである.本書で述べるP値は,統計的推測を行うための重要なツールである.
- **推測の精度** 推測の精度はサンプルサイズを n とするとき $1/\sqrt{n}$ のオーダーで精密になる.精度が高い推測を行うためには,十分多くのサンプルサイズが必要である.
- **モデルは良いモデルであること** データを無限個とれば,データが従う真の確率分布 $f(x)$ が特定できるが,限られたサンプルサイズのデータからは特定できない.このため,$f(x)$ を適当な数学モデルで近似する.当然のことではあるが,モデルがデータによく適合していなければ,いいかえればデータのバラツキを良く反映したモデルでなければ,統計的推測の妥当性が失われる.

2 P値とは？

P値は，評価指標が偶然のバラツキのみに支配されているとき，データから算出された評価指標の値と等しいかそれ以上の極端な値を評価指標がとる確率である．P値は，統計的推測を行うための重要なツールである．

2.1　P値とは何か

P値とは何であろうか．P値は，冒頭に述べられたとおりの確率のことであるが，どのような背景のもとで必要とされ，どのような場で適用されるのか．本節では，順を追ってP値の説明を行う．

2.1.1　研究結果は，評価指標を用いて定量的に評価される

実験室での研究や臨床試験などの実験研究，あるいは標本調査や疫学研究などの観察研究など，すべての科学的研究では，主要評価指標 (primary end point) といくつかの副次評価指標 (secondary end point) を設定し，データを採集し，採集したデータからこれらの評価指標の成績を算出・吟味・評価して研究結果が出される．これらの指標のことを，本書では**評価指標**，あるいは単に**指標**とよぶ．　　評価指標，指標

2.1.2　評価指標の値はバラツキに支配されている

第1章で学んだように，データにはバラツキがあり，このバラツキを確率分布で表す．評価指標はデータから算出されるので，当然，何らかの確率分布に従ってバラついている．このことを**評価指標がバラツキに支配されている**という．正確には，バラツキが従う確率分布によって支配されているという意味である．

2.1.3 評価指標の値の大きさは,そのバラツキの大きさを勘案して評価する

研究結果は,評価指標の大きさを吟味することによって評価されるが,ある一定の大きさの評価指標の値が観測されても,それが処置の効果によって生じたとはただちにはいえない.バラツキのため,たまたまそのような大きな値が観測されたかもしれないからである.得られた指標の値の大きさを評価するとき,バラツキの大きさを考慮に入れて評価しなければならない.例を用いて詳しく見てみよう.

例 2.1 ランダム化 2 群比較試験

平均の差が大きければ大きいほど処置効果があるとされるランダム化 2 群比較試験を考える[1].この試験では,狭い意味での指標は,各群の平均であるが,評価指標は両群の平均の差であり,処置効果の大きさを,評価指標の値の大きさから推測することが目的とされる研究である.

データから算出された両群間の平均の差,つまり評価指標の値が 100 であったとする.この値は果たして大きいのか,それとも大きいとはいえないのか,について考えてみよう.大きいなら「処置効果あり」といえるがそうでなければ,いえない.研究者の最大の関心事である.

図 2.1 は,「処置効果がない」と想定したときの評価指標のバラツキを模式化した図である.図 2.1 (A) は,バラツキが小さい場合(実線),図 2.1 (B) は,バラツキが大きい場合(点線)の図である.同じ 100 の値であっても図 2.1 (A) からは,指標の値 = 100 は「処置効果がない」と想定して算出したバラツキの範囲を超えるほど大きな値であること.よって「処置効果が効いてこのような大きな値の指標が観測された」と考えるのが妥当である.

これに対して,図 2.1 (B) からは,指標の値 = 100 は「処置効果がない」と想定したときのバラツキの範囲内にあり,処置効果がないのに,バラツキのため偶然生じた値とも考えられる.したがって,指標の値 = 100 は「処置効果のため生じた大きな値とみなすのは難しい」と考えるのが妥当である.

図 2.1 (A), (B) は,指標の値をデータから算出したとき,算出された値が大きな値か,そうでないか,の判定は,指標のバラツキの

---

[1] 患者を n 人ずつからなる 2 群にランダムに分け,一方の群の患者には新しい処置,他方の群の患者には従来の処置を行い,両群の治療成績を比較して新しい処置の効果を吟味する試験.

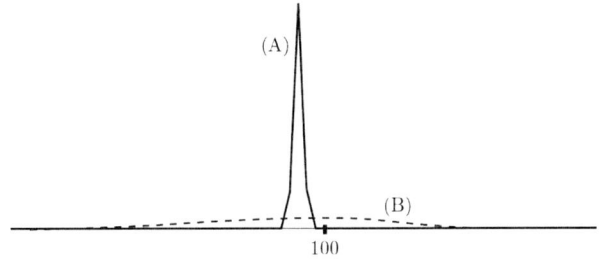

図 2.1　評価指標の値 = 100 の大小は，バラツキとの兼ね合いで決まる

大きさに依存しており，バラツキの大きさを考慮したうえで，相対的に判定すべきものであることを示している．

2.1.4　P 値とは

　P 値は，評価指標がバラツキのみに支配されているとき，評価指標が，データから算出された評価指標の値と等しいかそれ以上の極端な値をとる確率であって，バラツキを勘案した上で，データから算出された評価指標の値が大きいと認められるか，否かを示すモノサシとして用いられる．

　P 値を図でみてみよう．図 2.2 の曲線は，もし仮に評価指標がバラツキのみに支配されていて「処置効果がない」と想定した場合の，評価指標の確率密度関数である．ヨコ軸上の点 A が，データから算出した評価指標の値である．このとき，図の塗りつぶした部分の面積が P 値であり，評価指標が点 A よりも大きな値をとる確率を表す[2]．

[2] 1.2 節参照．

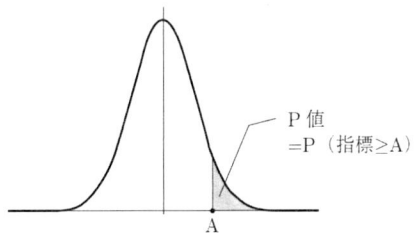

図 2.2　P 値の視覚化 (1)

図より，P 値が極めて小さければ，図 2.1 (A) の状況が再現され，そうでなければ図 2.1 (B) の状況を再現することができることが分かる．つまり，

- データから算出された指標の値は，P 値が小さければ小さいほど，偶然のバラツキでは説明できないバラツキの範囲を超えた大きな値であり，処置効果があったと推測することができること．
- さらに P 値が小さければ小さいほど，バラツキを超える度合が大きいことから，処置効果があることを示すエビデンス力が高いこと．

上で述べたことを別の角度から説明する．図 2.3 の曲線は，バラツキだけに支配されている，すなわち処置効果がないと仮定したときの評価指標のバラツキの確率密度関数である．ヨコ軸上の A がデータから算出した指標の値である．指標の値が，分布の両端のスソの部分の値を取ることは稀にしかおきない．他方，分布の中央の領域の値をとることは頻繁である．P 値は，A を超える確率を表す．つまりこの確率が小さければ小さいほど，稀にしか起こらないことが起こったことを示唆する．稀にしか起きないことが起こったら，「処置効果がない」としたときのバラツキの大きさでは，観測された差の大きさは説明できない，処置効果があったと考えるのが妥当である．

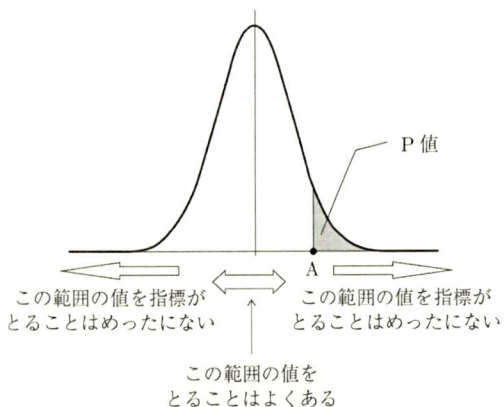

図 2.3 A をデータから算出した指標の値とするとき，P 値の解釈

2.2 学術論文に見るP値:3つの例

医系の学術論文では,P値は日常茶飯に目にする.本節では,その例をいくつか紹介する.

例 2.2 解良らの論文[2]

心疾患で在宅治療をしている高齢者の心身機能や社会的機能の特徴を質問紙調査によって明らかにすることを目的とした解良武士らの研究[2] では,データ不備のものを除いた 758 人(男性 310 人,女性 448 人)が対象とされ,対象とされた非心疾患群と疾患群について,次のような結果が報告されている[3].

[3] 本書ではこの中の 75 人の結果に関する部分を紹介する.

──────── 以下,解良らの論文[2] より引用 ────────

III 研究結果

1. 対象となった非心疾患患者群と心疾患患者群

対象となった 758 人中,非心疾患患者は 683 人(男性 263 人,女性 420 人),心疾患があり治療を継続している心疾患患者は 75 人(男性 47 人,女性 28 人)で,両群とも性別に有意な差があった ($P < 0.001$).そのため,以降の解析は男女を分けて行った.心疾患群の診断名を表 2.1 に示す.不整脈,狭心症と過去の急性心筋梗塞が多く,急性心筋梗塞には男女差が認められた ($P = 0.010$).

──────── 以上,解良らの論文[2] より引用 ────────

表 2.1 心疾患の内訳(解良ら[2] 表 3 の一部を引用)

	心疾患群		
	男性 (47)	女性 (28)	P 値
狭心症	15 (31.9%)	6 (21.4%)	0.240
急性心筋梗塞	13 (27.7%)	1 (3.6%)	0.010
うっ血性心不全	0 (0%)	2 (7.1%)	0.136
大動脈瘤	0 (0%)	0 (0%)	-
不整脈	22 (46.8%)	12 (42.9%)	0.813
その他(弁膜症など)	4 (8.5%)	8 (28.6%)	0.047

例 2.2 の解説

例 2.2 は，医系論文の研究報告の典型的な 1 例である．この研究報告には，P 値は，次の二つの意味で使われている．

- 第一は，「性別に有意な差があった」という判定や「急性心筋梗塞には男女差が認められた」という判定の中で P 値が使われている．論文冒頭に記された研究方法の節で「$P < 0.05$ を有意とした」と断ってある．したがって，これらの判定は P 値が 0.05 未満であったことから「性別に有意な差があった」，「急性心筋梗塞には男女差が認められた」と判定された判定であることが分かる．
- 第二は，これらの判定の後につけられたカッコの中の ($P < 0.001$)，($P = 0.010$) である．これらは，P 値が 0.05 よりどれくらい小さいかを示したものである．つまり，有意水準 5% で判定したとしても P 値 = 0.049 で有意であった場合と P 値 = 0.010 で有意であった場合では，エビデンス力が違うこと，いいかえれば，P 値の値が小さければ小さいほど，判定した結果がひっくり返る可能性が低いことを示唆している．

P 値は，この例のように「判定」や「エビデンス力」を示すために使用されるほか，次の例のように「スクリーニング」のために使用される場合もある．

例 2.3 Teruhiko Fujii らの論文[3]

YB-1 (Y-box binding protein-1) とよばれるたんぱく質が肺がんの予後を悪くすることが疑われている．他方，HER2 とよばれる遺伝子やエストロゲンレセプター $\alpha(ER\alpha)$ は，肺がんの予後に関係していることが知られている．

Fujii ら[3] は，YB-1 が HER2 やエストロゲンレセプターなどの発現に影響を与え肺がんの予後を悪くするのではないかと疑い，そのメカニズムを解明する研究を行った．彼らの論文[3] の Table 2 では，考慮された因子と背景因子のすべてに対して，目的変数を生存時間 (over-all survival) として単変量解析を実施したときの症例数，ハザード比，95%信頼区間，および P 値が与えてある[4]．

表 2.2 は，Fujii らの論文の Table 2 の一部を抜粋した表である．表 2.2 にある over-all survival（生存時間）とは，がん手術後から死

---

[4] 論文[3] においては progressive-free survival という別の指標に関する結果も示しているが，本書では over-all survival のみを取り上げる．

亡までの時間を表す．また，HR（ハザード比）とは，発現が negative のとき肺がんで死亡する瞬間危険度[5]に対する発現が positive のとき肺がんで死亡する瞬間危険度の比であり，生存時間解析のとき良く使われるリスクの評価指標である．ハザード比が 1 より大きいほど発現が positive のとき死亡のリスクが高いこと，ハザード比が 1 より小さければ小さいほど発現が positive のとき死亡のリスクは小さいことを表す．また，95%CI とは，信頼度 95% の信頼区間[6]のことである．表 2.2 には，Table 2 で考慮された生存時間に関連性がありそうな因子，および背景因子の合計 14 個の因子 (variable) のうち 7 個の因子のデータが抜粋されている．

[5] ある時点で生存していたときに次の瞬間死亡する確率の導関数で定義される．

[6] 1.4 節参照．

例 2.3 の解説

表 2.2 は，考慮された因子ごとに P 値が与えられており，一見したところ表 2.1 と同様な P 値の表記のようであるが，この表では P 値は，以下に述べるように研究の対象とする因子をスクリーニング（選別）する目的で与えられており，表 2.1 の与え方とは，意味が異なる．以下に，その背後にある事情を若干紹介しておく．

- Fujii らの研究の目的は，YB-1 が「他の因子」とどのように絡んで肺がんの予後を悪くしているかを調べることである．しかしながら，肝心の「他の因子」は特定されていない．したがって，まず「他の因子」を Table 2 の単変量解析の結果から探索的に特定したいという狙いがある．
- 統計的検定をスクリーニングの目的に使うとき，一般に有意水準 5%，すなわち P 値 ≤ 0.05 を基準とすると，厳しすぎてスクリーニングの役に立たない．実際，表 2.2 からは Nuclear YB-1 だけしか取り出せない．このため，スクリーニングでは P 値を 5% より大きな値をカットオフ値として定める必要があるが，これが難しい．P 値の値は，サンプルサイズ（症例数）に依存するからである[7]．実際，EGFR，および HER2 は肺がんの生存時間と関連性をもつことが知られているが，これらの P 値は，それぞれ P 値 = 0.3376, P 値 = 0.4528 であり，P 値の大きさだけをみてスクリーニングするのは無理がある．
- そこで表 2.2 では，P 値の他に HR（ハザード比）と 95%CI（信頼度 95% の信頼区間）が与えられている．

[7] 3.1 節参照．

表 2.2 生存時間を目的変数とする単変量解析の結果
（Fujii ら[3]Table 2 の一部を引用）

考慮された因子	No. of patients (症例数)	over-all survival HR (95% CI)	P 値
Nuclear YB-1			
Negative	43	1.00	
positive	30	3.48 (1.21, 10.02)	0.0139
EGFR			
Negative	58	1.00	
positive	15	0.49 (0.11, 2.17)	0.3376
HER2			
Negative	59	1.00	
positive	14	1.54 (0.50, 4.77)	0.4528
ERα			
Negative	24	1.00	
positive	49	0.58 (0.21, 1.54)	0.2661
ERβ			
Negative	18	1.00	
positive	55	0.86 (0.27, 2.66)	0.7867
PgR			
Negative	39	1.00	
positive	34	0.47 (0.16, 1.36)	0.1535
CXCR4			
Negative	29	1.00	
positive	44	0.63 (0.24, 1.68)	0.3509

- HR の値を見れば，EGFR (0.49)，HER2 (1.54)，ERα (0.58)，および PgR (0.47) の HR が 1 とかなり離れており，これらは生存時間に対するかなり強いリスクファクターであることが示唆される[8]．対応する 95%信頼区間の幅は，いずれも大きくサンプルサイズ（症例数）不足を示している．サンプルサイズ（症例数）を増やせば，これらの因子は有意水準 5%で有意になってもおかしくない．

[8] 有意水準 5%で有意な Nuclear YB-1 は，当然選択されるものとして，ここでは除外して考えている．

背後にある以上のような事情のため，表 2.2 では P 値は，HR，および 95%信頼区間と肩をならべた参考資料の一つとして与えてある．

P 値は，あくまで一つのモノサシにすぎず，しかも過度に単純化されている．あらかじめ定めた有意水準の値（多くの場合 5%）と P 値を機械的に比べて研究結果を判定すべきではない．研究の結果は，P 値だけではなくハザード比 (HR) や信頼区間など他の情報も考慮して判定すべきである．

一流の研究論文では，P 値のこの限界がよく考慮されており，P

値のほか，症例数やオッズ比や信頼区間などを併記して研究結果が報告される．ちなみに，解良らの表2.1でも，P値のほか，男性，女性のデータが与えられていた．解良らは「急性心筋梗塞には男女差が認められた (P = 0.010)」と簡単に述べていたが，これらのデータを利用すれば，「心疾患があり治療を継続している患者は，女性に比べて男性の方が過去に急性心筋梗塞と診断された患者が有意に多かった (P = 0.010)」ということまで深く読み取ることができる．

例 2.4　N. Mori らの論文[4]

食道がん手術後に胃酸の低下が見られる症例が多いことはよく知られていたが，N. Mori ら[4] は，胃にピロリ菌がいる患者は，いない患者と比べると手術前後の胃酸の低下は有意に大きく，かつ術後は術前よりも胃酸の低下が有意に大きいことを解明した．彼らの論文の冒頭に論文の Summary（要約）が与えてある．次の文は，Summary からの抜粋である．

──────── 以下，N. Mori らの論文[4] より引用 ────────

The levels of post operative gastric acidity and 1 year after surgery were significantly lower than that of preoperative gastric acidity (P = 0.031, P = 0.001, respectively). There were no difference in the levels of acidity between 1.5 months and 1 year after surgery (P = 0.282)..（中略）..The level of gasric acidity in patients who had H. pylori infection pre-and postoperatively were significantly lower than that in patients who had no H. Pyrori infection pre- and postoperativelly (P < 0.0001).

──────── 以上，N. Mori らの論文[4] より引用 ────────

例 2.4 の P 値の表現は，論文の Summary や「まとめ」に見られる典型的な表現である．例 2.2，例 2.3 では，P 値のほかに症例数，ハザード比や信頼区間等を加えて P 値だけでは説明しきれない部分を補っている．しかし，Summary や「まとめ」では，簡明さが重視され，例 2.4 に見られるように，P 値は研究結果を要約するモノサシとして単独で用いられる．論文の Summary なら，本文を見ることによって P 値の限界をおぎなうことができて正しい P 値の解釈をすることが可能であるが，単独の P 値は独り歩きのおそれがある[9]．

[9] 実際に頻繁に独り歩きして使用されており，次章で紹介するような誤用が頻繁に生じている．

論文のSummaryや「まとめ」で与えられたP値を正しく読み取るため，本文に目を通し，どの程度の症例から求められたP値であるか，指標の値や信頼区間の幅はどの程度なのかを把握する習慣を身に着けておくことが重要である．P値は，単純化されすぎたモノサシであることを再度注意しておきたい．

■■■ 第2章のまとめ ■■■

- データにはバラつきがある．評価指標の値はデータから算出されるので，バラツキに支配されている．P値は評価指標がバラツキに支配されているとき，バラツキの大きさと比べて評価指標が大きいのかどうかを見るための有用なツールである．
- P値は，値が小さければ小さいほどエビデンス力が高い．しかしP値は，過度に結果を単純化して報告するモノサシでしかない．
- 一流の研究論文では，Summaryや「まとめ」ではP値の単純化が好まれ研究結果はP値だけで報告される場合が多いが，本文ではP値のこの限界を補うため，症例数やオッズ比や信頼区間などが併記され，研究結果が報告される．Summaryだけではなく本文にも目を通してこれらの情報を把握し，研究結果を正しく読み解く習慣を身に着けておくことが重要である．

3 P値の誤用

ある事象の原因が A か A でないか知りたいとき，「もし A のせいで起こったとしたらつじつまが合わない可能性が高いよネ，したがって原因は A ではないよねネ」と私どもは日常的に考える．P 値はその可能性の大きさを見るモノサシにすぎない．その簡便さが受けて，P 値は自然科学，社会科学はもとより，あらゆる科学的研究において爆発的に利用されている．その結果，P 値の間違った理解や誤用もまた，爆発的に増大している．アメリカ合衆国統計協会は，最近たまりかねて P 値の誤用を防止するための声明を出した[5][1]) ほどである．

[1]) 声明の日本語訳は日本計量生物学会の HP に掲載してある．

本章では，ASA 声明文を念頭におきながら P 値の誤用と誤解を紹介する．

3.1 サンプルサイズを無視して P 値を有意水準 5%で判定する誤り

P 値はサンプルサイズ（症例数）に依存する．サンプルサイズを大きくすれば P 値は限りなく小さくなる．最も頻繁な P 値の誤用は，P 値がサンプルサイズに依存することを無視して機械的に

P 値 $\leq$ 0.05 のとき，有意水準 5%で効果あり

P 値 $>$ 0.05 のとき，有意水準 5%で効果ありとはいえない

と判定することから生じている．

本節では，P 値がサンプルサイズに依存すること，上のような判定を行うと誤用をおかす危険があることを数値例で紹介する．

例 3.1 ランダム化 2 群比較試験

表 3.1A は，処置群 20 人と対照群 20 人の患者に対して，処置群

表 3.1 P 値はサンプルサイズに依存する

A（サンプルサイズ小）	有効（割合）	無効（割合）	合計
処置群	10 (0.50)	10 (0.50)	20
対照群	6 (0.30)	14 (0.70)	20

B（サンプルサイズ大）	有効（割合）	無効（割合）	合計
処置群	100 (0.50)	100 (0.50)	200
対照群	60 (0.30)	140 (0.70)	200

の患者には薬剤 A，対照群の患者には偽薬（プラセボ）を服用してもらうランダム化 2 群比較試験において，薬剤が有効であった患者数をまとめた 2×2 表である．

表 3.1B は，薬剤が有効であった患者の割合が表 3.1A と同一で，患者数を単に 10 倍しただけの表である．

Fisher の直接法で片側の P 値を算出する[2]と，表 3.1A から $P=0.36$，表 3.1B からは $P=0.014$ を得る．処置群と対照群の有効率は，表 3.1A と B でそれぞれ同一である．異なるのはサンプルサイズだけである．このことから，P 値はサンプルサイズに依存し，サンプルサイズを増やせば P 値は減少することが分かる．

[2] 無料統計ソフト R のメニュー「分割表」を利用して算出できる．

サンプルサイズを無視して P 値だけを見て判定すると誤る

例 3.1 に有意水準 5% で統計的検定を適用すると，表 3.1A からは処置の効果はあるとはいえない，表 3.1B からは，処置の効果ありという．有効率は，処置群，対照群ともに二つの表で同一であるにもかかわらず，矛盾した判定結果となる．サンプルサイズを無視して P 値を有意水準 5% で判定すると，このような誤用がおこる．

P 値とエビデンス力

P 値が小さいほどエビデンス力が高いと信じている人が多い．しかしながら，これはサンプルサイズが同一の比較試験の場合にしかいえないことであって，上の例で示されたように，処置の効果，すなわちエビデンス力は同一であってもサンプルサイズが大きくなれば P 値は小さくなる．

次の例は，P 値の大きさとエビデンス力が逆転している場合の数値例である．

例 3.2 P 値の大きさとエビデンス力が逆転

表 3.2 は，表 3.1B と同一の疾患に対する新たな薬剤 E の臨床試験の結果をまとめた 2×2 表である．表より，処置群と対照群のサンプルサイズはそれぞれ 800 で，薬剤 E の有効率は 0.40 であることが分かる．この表から P 値を算出すると P 値 = 0.00003 を得る（Fisher の直接法による片側 P 値）．表 3.1B から求めた処置群と対照群の有効率の差は 0.20．他方，表 3.2 から求めた有効率の差は 0.10 で，該当疾患に有効であるというエビデンス力は，薬剤 D の方が薬剤 E よりも 10 ポイント高い．にもかかわらず，表 3.2 の P 値 = 0.00003，表 3.1 の P 値 = 0.014 で前者の P 値の方が小さい．

例 3.2 のように P 値の大きさとエビデンス力は逆転する場合がある．P 値がサンプルサイズに依存することを理解しておくことは，P 値を正しく解釈するために不可欠な，重要なポイントである．

表 3.2 新たな薬剤 E の臨床試験結果

	有効（割合）	無効（割合）	合計
処置群	320 (0.40)	480 (0.60)	800
対照群	240 (0.30)	560 (0.70)	800

次の例は，薬剤開発の過程で生じた，実際の例である．

例 3.3 プラセボを対象とするビソプロロールのランダム化比較試験 (CIBIS[6])

心血管疾患の治療に用いられるビソプロロールの開発段階で実施された対プラセボの治験[3]では，本書 6.3 節のサンプルサイズ決定の方法で各群のサンプルサイズが $n = 621$ と決定され，適正に実施された．その結果，P 値 = 0.22 であった[6]．P 値は有意水準 5% より大きく，P 値による判定ではビソプロロールに効果があるとはいえない．当局からプラセボ剤の製造・販売の認可を得ることなど到底無理である．

しかしながら，ハザード比は 0.80（95%信頼区間 (0.56, 1.15)）で，ハザードが 1 よりかなり大きく下回っていた．さらに，信頼区間の上限は 1 より大きいとはいえ，かなり 1 に近い．このことから，ビソプロロールの薬効は期待できること，症例数を増やせば有意水準 5%で有意となる強い可能性があることが示唆された．

そこで，サンプルサイズを設計しなおして，各群の症例数を $n =$

[3] 製造・販売のための許認可を目的として実施される製薬企業等による臨床試験を治験という．

2641に定め，プラセボを対照とする後続の治験が実施された (CIBIS–II trial, [7])．その結果，ハザード比 = 0.66，(95%信頼区間 (0.54, 0.81)，P値 < 0.0001)，が得られ，安全性にも問題がないことが確認されビソプロロールの製造・販売が認可された．

例3.3には，重要な二つのポイントがある

　第一のポイントは，サンプルサイズをたとえ「適正」に設計して比較試験を行っても，P値だけを見て有意水準5%で判定すると，真の効果を見落とす間違いをおかす可能性があることである．ハザード比や信頼区間などにも焦点を当てて，本当に効果がないのか，果たしてサンプルサイズは適正であったのかをくり返し吟味することが，誤用を防ぐ有用な手立てである．

　サンプルサイズを大きくするとP値は小さくなる．後続治験のP値 < 0.0001 は，薬剤の効果は認められないのにサンプルサイズを $n = 621$ から $n = 2641$ に増やした結果にすぎないという可能性がある．第二のポイントは，後続試験にはこの可能性がないことが示されていることである．すなわち，推定ハザード比 = 0.66で相当大きく1を下回っていること，およびこのハザード比の値が最初の治験の95%信頼区間の中に入っていることが示され，その可能性がないことがチェックされていることである．このようなチェックも誤用を防ぐための重要な手立てである．

3.2　P値のバラツキを無視して有意水準5%でP値を評価する誤り

　前節の，サンプルサイズを増やすとP値は小さくなるという所見は，有効率を一定にしてサンプルサイズだけを変化させたときのはなしである．しかし，新しくデータを取るたびにデータのバラツキのため有効率もバラツク．P値のバラツキを評価するとき，有効率のバラツキも考慮する必要がある．

　本節では，次の手順によって乱数を発生させて有効率の変動も考慮したP値のバラツキをシミュレーションで評価する．

手順1　正規分布 $N(0.176, 1)$ にしたがう乱数を n 個発生させて大きさ n のデータとする．このデータから正規分布の平均が正であるという対立仮説に平均が0という帰無仮説を対比

する検定の P 値を算出する[4]

手順 2 上の手順を 100 回くり返す.

手順 3 得られた 100 個の P 値の分布を箱ひげ図, およびヒストグラムにまとめる.

[4] 対立仮説, 帰無仮説の解説は 4.1.3 項で与えてある.

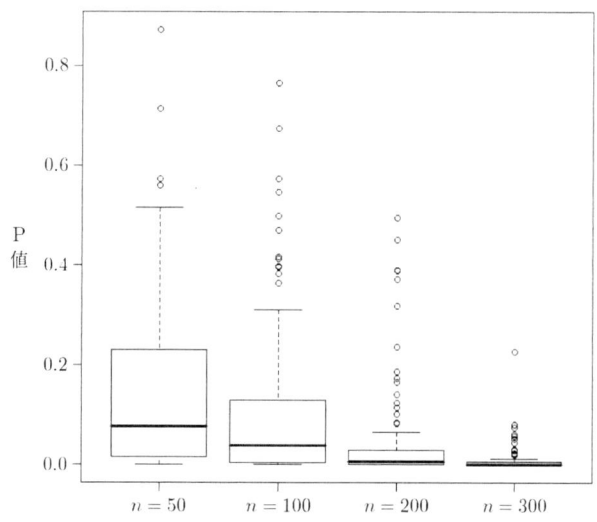

図 3.1 $n = 50, 100, 200, 300$ のときの P 値の分布の箱ひげ図

図 3.1 は, 手順 1 ～ 3 で作成した 100 個の P 値の分布を, $n = 50, 100, 200, 300$ のときに示した**箱ひげ図**である. また, 表 3.3 は同じデータを度数分布表に表した表である.

注意 3.1 上の P 値の乱数は $n = 200$, 有意水準を 0.048, 検出力を 0.80, $\sigma = 1$ として 6.2.4 節の (6.6) 式から $\delta_0 = 0.176$ を求め, この値を平均とする正規分布 N (0.176,1) から n 個の乱数を発生させて P 値を算出した.

注意 3.2 $T = \sqrt{n}\bar{X}$, データを代入して算出した T の値を t_o とすると P 値は定義より

$$\text{P 値} = \Pr(T > t_o \mid \text{平均} = 0) = 1 - \Phi(t_0),$$

ただし, Φ は標準正規分布 N (0,1) の分布関数である. t_0 は, データを取るたびにバラついている. このバラツキを確率変数として考

慮するとき t_o を T_o で表す．手順1より T_o は正規分布 $N(\sqrt{n}\delta_0, 1)$ にしたがう．ただし，$\delta_0 = 0.176$．よって，P値の分布関数は，次のようにして求めることができる．

$$\begin{aligned}
G(x) &= \Pr(P \leq x) = \Pr\left(1 - \Phi(T_o) \leq x\right) \\
&= 1 - \Pr\left(T_o \leq \Phi^{-1}(1-x)\right) \\
&= 1 - \Phi\left(\Phi^{-1}(1-x) - \sqrt{n}\delta_o\right) \quad (3.1)
\end{aligned}$$

図3.1，表3.3は，手順1〜3のシミュレーションによる $G(x)$ に対応する箱ひげ図，および度数分布表である．

注意 3.3 注意3.1，および注意3.2より

$$\begin{aligned}
G(0.048) &= 1 - \Phi\left(\Phi^{-1}(0.952) - 0.176\sqrt{200}\right) \\
&= 1 - \Phi(1.665 - 0.176\sqrt{200}) \\
&= 1 - 0.205 = 0.795
\end{aligned}$$

したがって，$n = 200$ のとき，P値 < 0.048 の確率は理論的に 0.795 である．これに対して，表3.1ではP値 < 0.045 の頻度は 77% であり，両者の値は近くシミュレーションが適正に実施されたことが示唆される[5]．

[5] 人はしばしば間違う．単純なシミュレーションでも，何らかの方法でシミュレーションが適切に実施されたかどうか確認する習慣を身につけてほしい．

表 3.3 P値のバラツキ：サンプルサイズ $n = 50, 100, 200, 300$；$\Delta = 0.176$ のときのシミュレーション結果の度数分布表．

P値の区間	$n = 50$ 頻度	$n = 100$ 頻度	$n = 200$ 頻度	$n = 300$ 頻度
$0 \sim 0.01$	7 (0.07)†	29 (0.29)	58 (0.58)	79 (0.79)
$0.01 \sim 0.02$	5 (0.12)	9 (0.38)	7 (0.65)	3 (0.82)
$0.02 \sim 0.03$	8 (0.20)	5 (0.43)	9 (0.74)	4 (0.86)
$0.03 \sim 0.04$	2 (0.22)	6 (0.49)	4 (0.78)	5 (0.91)
$0.04 \sim 0.05$	5 (0.27)	2 (0.51)	3 (0.81)	1 (0.92)
$0.05 \sim 0.06$	3 (0.30)	5 (0.56)	1 (0.82)	0 (0.92)
$0.06 \sim 0.07$	6 (0.36)	4 (0.60)	1 (0.83)	1 (0.93)
$0.07 \sim 0.1$	15 (0.51)	8 (0.68)	5 (0.88)	1 (0.94)
$0.1 \sim 0.2$	16 (0.67)	10 (0.78)	7 (0.95)	2 (0.96)
$0.2 \sim 0.5$	19 (0.86)	16 (0.94)	5 (1.00)	4 (1.00)
75%点	0.239	0.147	0.062	0.007
50%点	0.095	0.046	0.005	0.001
25%点	0.047	0.006	0.00035	0.00011
4分位範囲	0.192	0.141	0.062	0.006

†：( ) 内の数値は累積割合を表す．

3.2.1 シミュレーションの結果

まず，前章で明らかにした P 値の値はサンプルサイズに依存することを，次のように異なる視点から再確認しておく．

- 図 3.1 は，n の値が増加するにつれて P 値は減少方向にあることを示している．さらに，表 3.3 より分布の中央値（50%点）は $n = 50, 100, 200, 300$ のとき，それぞれ 0.095, 0.046, 0.005, 0.001 であり，このことを裏付けしている．

  もう少し細かにみると，$n = 200$ のとき，P 値の分布の中央値は 0.005 で 5% 以下である．さらに P 値が 5% 以下である P 値の割合は 81% で設定どおりの結果が得られている．この割合は，$n = 300$ のときは 92% に増加する．他方，サンプルサイズが $n = 50$ のとき，P 値の分布の中央値は 0.095 で 5% より大きい．さらに，5% 以下となる P 値は 100 回中 27 回しかない．サンプルサイズが不足しておれば，本来なら有意に平均値 > 0 と判定されるものが約 3 回に 1 回見逃されることになる．$n = 100$ のとき，P 値の分布の中央値は 0.045 で 5% 以下である．しかし，見逃しの割合はまだ 2 回に 1 回であり，無視できないほど大きい．

次に，本来の目的である P 値のバラツキに関する結果を示す．

- サンプルサイズが小さいとバラつきは大きい

  図 3.1 は，P 値のバラツキは n に依存し，n が小さいと極めて大きいこと，また n が大きくなればなるほど P 値のバラツキは小さくなることを示している．バラツキの大きさの目安として 4 分位範囲 =（75%点 − 25%点），すなわち箱ひげ図の箱の上端の線 − 箱の下端の線，を採用すると 表 3.3 より $n = 50, 100, 200, 300$ のとき 4 分位範囲はそれぞれ 0.192, 0.141, 0.033, 0.006 である．

- サンプルサイズが小さいとき，P 値による判定は再現性がない

  $n = 100$ のとき表 3.3 より P 値の分布の 75%点は 0.147, 25%点は 0.006 である．4 分位範囲はデータの 50%を含む，ありふれたバラツキの範囲である．つまり，P 値 = 0.147 と P

値 = 0.006 の間には本質的な差異はなくバラツキの結果生じる差異の可能性が強い．つまり，データをくり返しとると，最初のデータセットから P 値 = 0.006 が得られ有意水準 5% で有意に平均が正であると判定された結果が，くり返しとられたデータセットでは P 値 = 0.147 が得られ有意ではない，ということになる可能性が強い．さらに，表 3.3 より $P \leq 0.05$ となる P 値の割合は 51% しかない．したがってくり返しとられたデータセットでは $P > 0.05$ となる可能性が 49% もあること，すなわち有意水準 5% で有意と判定された結果が逆転する可能性が大きいことが分かる．

科学の研究では得られた結果の再現性が決定的に重視される．サンプルサイズが不足していれば，上で見たように有意水準 5% で有意という判定は，P 値のバラツキのために逆転する可能性が強い．つまり，統計的判定の再現性が保障されない．

医系の学術論文の中には，P 値による判定が，あたかも生物学・医学的な意味で真に効果があったかのように記述されているものも少なくない．P 値による判定は，あくまで「統計的」判定であり，「生物学・医学的」判定ではない．両者の間には，ものすごい距離がある．しかも，上のシミュレーションで明らかになったことは，サンプルサイズが不足していれば，この「統計的判定」そのものの再現性があやしいということである．

- **サンプルサイズが小さいとき，P 値はエビデンス力を示すモノサシではない**

  $n = 100$ のとき表 3.3 より P 値の分布の 75% 点は 0.147，25% 点は 0.006 であった．区間 (0.01, 0.048) は，区間 (0.006, 0.147) に含まれている．ということは，P 値 = 0.048 と P 値 = 0.01 はバラツキの結果生じた差異であること，つまり Fisher が主張し多くの研究者が信じている P 値 = 0.01 が P 値 = 0.048 よりもエビデンス力が強いなどと主張するのは間違いであることを意味する．

  以上の知見は，$n = 50$ のとき，さらに増大する．

- **サンプルサイズが大きければ P 値の再現性やエビデンス力には問題がない**

  表 3.3 より，サンプルサイズが $n = 200, 300$ のときは 4 分

位範囲が，それぞれ 0.033, 0.006 と小さい．このことから分かるようにサンプルサイズが大きければ P 値のバラツキは小さくなり，P 値による判定の再現性は保障され，また P 値が小さければ小さいほどエビデンス力が高いという考えも保障されることが示唆される．特に，$P > 0.05$ となる P 値の割合は，$n = 200$ のとき 19%，$n = 300$ のとき 8% しかなく，有意水準 5% で有意とされた判定が逆転する可能性は小さい．

　サンプルサイズが十分でないとき，単独の P 値に対する過信は，禁物である．P 値による判定の再現性や，P 値のエビデンス力が失われる可能性が強いからである．サンプルサイズが大きければ，その心配はない．妥当なサンプルサイズについては 7.3 節を参照されたい．

　本書でできる最善のアドバイスは，P 値だけを用いて研究結果を判定すべきでないこと，サンプルサイズ，評価指標（ハザード比や平均値の差）の推定値や信頼区間など他の情報を考慮したうえで「統計的」評価を行い，その上で生物学・医学の専門家と協議して当該分野の専門的知識に照らして得られた結果が，生物学・医学的な意味で効果あったことを確認した上で，研究結果を公表することである．

　次の例は，製造販売の許可をもとめて FDA[6] に申請された薬剤であるが，有意ではあったとはいえハザード比が 0.94 と 1 に近く，もう一度同じ試験をくり返せば結論がひっくり返る可能性が高く通常なら製造・販売が認可されなかった可能性が強いと考えられる薬剤の臨床試験である．

[6] Food and Drug Administration：薬剤製造販売に関して許認可をおこなう権限を持つ米国の政府機関．

例 3.4（エゼチニブ剤の対プラセボ臨床試験）（Cannonn ら，[8]）
　心血管疾患の治療に用いられるエゼチニブ剤の開発段階で実施された対プラセボの治験では，シンバスタチン剤で治療を受けていた急性冠症候群患者でシンバスタチン剤の効果がないと認められた患者を対象にして，主要評価項目を，心血管系死亡，心筋梗塞，不安定狭心症，血管再開通術の少なくとも一つの項目が発生すればイベントありとしたときのハザード比として実施された．その結果ハザード比は 0.94，（95%信頼区間 (0.89, 0.98)，P 値 = 0.016)，であった[8]．P 値を見れば有意水準 5% で有意である．しかしながら，ハザード比の値は 0.94，信頼区間の上限は，ほんの少し 1 より小さいだけである．さらに，追跡期間（7 年間）に発生した主要評価項目の発生率は

エゼニチブ剤 32.7%，プラセボ群 34.7% であり 2 ポイントの差しか見られなかった．患者にとってエゼニチブ剤に切り替える利益は少ないと考えられる．エゼニチブ剤の許認可については，FDA では有効性や有用性をめぐってかなり厳しい意見が出たようである．しかしながら，最終的にはシンバスタチン剤が効かない患者に対して他の薬剤がないことが評価されエゼニチブ剤製造・販売が認可された．

3.3 医師国家試験の誤出題

表 3.4 に平成 23 年に実施された第 105 回医師国家試験の問題 43 を与えた[7]．P 値の理解を確かめる出題であるが，5 つの解答枝の中に正解がない．模範解答では，選択枝 (e) が正解とされているが，(e) は正解ではないことは本書をここまで読んできた読者には明らかであろう[8]．国家試験に誤出題があれば，普通は騒がれるが，この問題に関しては，そうではなかった．医師の多くが選択枝 (e) を正解と考えていたことに他ならない．残念ながら，医系の教育や研究に携わる方々の間では，P 値に関する間違った理解が蔓延している．医療系学部で正しい医療・医学統計学の教育がなおざりにされているところにその原因があるようである．

[7) 出典：柳川堯 (2017) [9].

[8) 明らかでない読者は，本書を読み直してほしい．

表 3.4 医師国家試験 105 回（平成 23 年）問題 43

43 新しく発売された抗菌薬 A の肺炎に対する治療効果を調べるために，新たに入院する肺炎患者を対象として，抗菌薬を投与した群（A 群）と既存の抗菌薬 B を投与した群（B 群）とに割り付けて，治療効果を入院期間で比較検討した．得られた結果を表に示す．

	A 群	B 群	P 値
対象者数	198 人	201 人	
入院期間（平均）	8.1 日	9.6 日	0.036

この結果の解釈について正しいのはどれか．
a A 群は B 群に比べて入院期間が平均で 3.6% 短い．
b A 群の入院期間の平均値の誤差は 3.6% 以内である．
c A 群の方が B 群よりも入院期間が短くなる確率は 3.6% である．
d A 群の 96.4% の患者は入院期間が B 群の平均入院期間より短い．
e A 群と B 群で入院期間に差がないのに，誤って差があるとする確率は 3.6% である．

■■■ 第3章のまとめ ■■■

- 有意水準5%の検定結果と生物学的・医学的結果を混同している人が少なくない．P値は，統計解析の結果を報告する過程に過度に単純化されたモノサシに過ぎない．
- サンプルサイズが統計的に正しく設定されていない比較研究からP値を算出し，有意水準5%と比較し「効果があった」「なかった」と機械的に判定するのは，間違いである．P値の大きさは，サンプルサイズに依存するからである．
- n が小さいとき，P値のバラツキは大きい．このため，P値による判定の再現性が失われる可能性が強い．有意水準5%で有意であると判定されたとしても，例えばP値 $= 0.045$ のときなどくり返しとられたデータセットでは逆転した結果が容易に得られる．P値 $= 0.01$ の場合は，くり返しとられたデータセットでP値 > 0.05 となる場合は，P値 $= 0.045$ のときより起こりにくい．したがってP値 $= 0.01$ はP値 $= 0.045$ よりもエビデンス力が強いと直感的に考えたいところであるが，サンプルサイズが小さければ，これらはバラツキの範囲内であり両者に本質的な違いはない．
- サンプルサイズ，およびP値のバラツキは「統計的判定の再現性」に深くかかわっている．サンプルサイズが小さいとき「P値による統計的判定の再現性」は疑わしい．サンプルサイズが大きければ，その心配はない．
- P値の誤用をさけ，研究結果の再現性を重視するためには，P値の他に，算出された指標の値の大きさや信頼区間などを吟味しながらP値を「統計的」に総合的に評価したうえで，さらに生物学・医学的知識と照らし合わせて「科学的」総合的に研究結果の判定を行うことが重要である．
- なお，医学論文のSummaryでは，前章例2.3に見られるように，近年「有意な差があった（P値 $= 0.001$）」という表現がみられるようになった．誤用を避ける一つの賢い工夫であると考えられている[9]．しかし，その考えが妥当であるのは n がかなり大きい場合であり，n が小さければその限りではない．

[9] 7.5節［第7章のまとめ］参照．

4 P値の算出

P値は，評価指標が偶然のバラツキのみに支配されているとき，データから算出された評価指標の値と等しいかそれ以上の極端な値を評価指標がとる確率である．本章ではこの確率の求め方を学習する．

4.1 P値の算出

P値は，データがバラツキだけに支配されているとき，データから算出された評価指標の大きさを，バラツキを考慮して相対的に評価するためのモノサシである．P値の算出には，以下に述べる4つの要点をおさえておく必要がある．

4.1.1 評価指標

選定する評価指標は，治療あるいは処置の効果（処置効果）と1:1に対応するものでなければならない．

評価指標をT，真の処置効果をΔで表す．Δは，未知のパラメータである．

ランダム化2群比較試験から，以下の二つの例をとりあげTとΔが何であるか，具体的に述べよう．

例 4.1 ランダム化2群比較試験：増血剤の効果

第一の例は，増血剤の効果を調べるランダム化比較試験である．増血剤の効果は，日本人貧血症患者すべてがこの増血剤を服用したときの，一人当たりの血液中ヘモグロビン値が服用しなかった場合の一人当たりの血液中ヘモグロビン値より大である時，つまり前者と後者の差が> 0であったとき，「効果あり」とされる．この増加

量が処置効果 Δ であり $\Delta > 0$ のとき増血剤の「効果あり」, $\Delta = 0$ のとき「効果なし」である. 日本人貧血症患者全員についてヘモグロビン値を調べることはできない. したがって, Δ は未知パラメータである.

ランダム化 2 群比較試験では, 貧血症患者を $1/2$ の確率でランダムに処置群または対照群に割り付け, 処置群の患者には増血剤を服用してもらい, 対照群の患者には従来の増血剤, あるいはプラセボとよばれる偽薬を一定期間服用してもらって, 処置群の患者のヘモグロビン値の平均値と対照群の患者のヘモグロビン平均値の差を吟味する. このとき, 評価指標 T は, 処置群 n 人のヘモグロビン値の平均値を $\bar{Y}$, 対照群 n 人のヘモグロビン値の平均値を $\bar{X}$ で表すとき $T = \bar{Y} - \bar{X}$ である. 増血剤のランダム化 2 群比較試験では T に基づいて $\Delta > 0$ であるか $\Delta = 0$ であるか, を推測することが問題とされる.

例 4.2 ランダム化 2 群比較試験:降圧剤の効果

第二の例は, 降圧剤の効果を調べるランダム化 2 群比較試験試験である. 評価指標を収縮期血圧とすると, この例では, 日本人高血圧症患者すべてがこの降圧剤を服用したときの一人当たりの収縮期血圧値が服用しなかった場合の, 一人当たりの収縮期血圧値より低ければ降圧剤の効果ありとされる. つまり, 前者と後者の差が Δ であり $\Delta < 0$ のとき降圧剤の「効果あり」, $\Delta = 0$ のとき「効果なし」である. 例 4.1 と同様に Δ は未知パラメータである.

例 4.1 と例 4.2 では「効果あり」に対する Δ の符号が逆転することに注意したい.

評価指標 T は, 例 4.1 と同様に処置群 n 人の収縮期血圧値の平均値を $\bar{Y}$, 対照群 n 人の収縮期血圧値の平均値を $\bar{X}$ で表すとき $T = \bar{Y} - \bar{X}$ である. 降圧剤のランダム化 2 群比較試験では T に基づいて $\Delta < 0$ であるか $\Delta = 0$ であるか, を推測することが問題とされる.

明確に説明を行うため, 以下では, T が真の処置効果 Δ の周りに, 図 4.1 のように左右対称な分布に従ってバラついている場合について考える[1]. このとき, T の期待値を $E(T)$ で表すと, $E(T) = \Delta$ となる. 特に, 例 4.1, 例 4.2 ランダム化 2 群比較試験で「効果なし」の場合は $\Delta = 0$ である.

[1] 評価指標が比のときなど対称な分布にしたがうとは限らないが, 対数変換など適当な変換をすると多くの場合対称な分布で近似できる. その時は変換した評価指標を T とおけばよい.

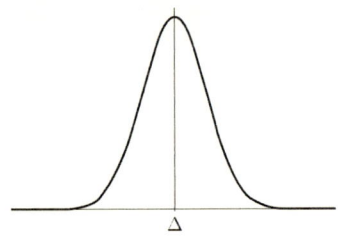

図 4.1　指標 T の分布

4.1.2　評価指標の方向性

上述の評価指標 T と真の効果 Δ との対応から明らかなように，T の値が大きければ「処置効果あり」とされる場合（$\Delta > 0$ に対応）と，T の値が小さい場合に「効果あり」とされる場合（$\Delta < 0$ に対応）の二通りの場合がある．P 値は，どれくらい T の値が大きければ，あるいは，どれくらい T の値が小さければ「効果あり」と見なすことができるか吟味するためのモノサシである．P 値を算出するには，T の値が正の値をとり大きいのか，負の値をとり，その絶対値が大きいのか区別する必要がある．このことを**指標の方向性**という．

指標の方向性

P 値の提案者である Fisher にとって評価指標の方向性は，わざわざ取り上げるまでもない常識的なことであった．研究者は，評価指標の値が大きいと効果あるのか，小さいと効果あるのかを良く把握した上で評価指標を設定するからである．

図 2.2 で図示した P 値は，評価指標の値が大きければ「効果あり」の場合である．これに対して，評価指標の値が小さければ「効果あ

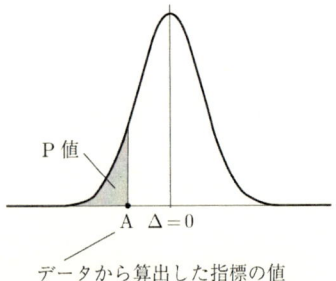

図 4.2　P 値の視覚化：指標の値が小さければ「効果あり」の場合

り」の場合は，P 値は分布の左スソ，すなわち，分布の対称軸の左側に表される対称な図で表される（図 4.2）．このように，P 値は，分布の右スソ，あるいは左スソの部分の確率である．この P 値を**片側 P 値**という[2]．

片側 P 値

[2] 4.2.3 節で述べる両側 P 値を参照されたい．

4.1.3 帰無仮説と対立仮説

P 値は，「処置の効果がない」という仮定のもとで指標が偶然のバラツキのみに支配されていると想定して算出した．「処置の効果がない」ということは，いいかえれば，$\Delta = 0$ ということである．研究者の目的は，処置の効果があることを示すことであるが，データがバラツキに支配されているとき，「効果あり」を直接的に示すことは難しい．

そこで「効果なし」を否定することによって間接的に「効果あり」を示唆するという推論の形式が適用される．「効果なし」の否定を狙っている所から，「効果なし」という命題を**帰無仮説**とよび

帰無仮説

$$H_0 : \Delta = 0$$

と表す．これに対して，「効果あり」という命題は**対立仮説**とよばれる．「効果あり」は，$\Delta > 0$ と $\Delta < 0$ の 2 通りの場合があった．本書では，前者を

対立仮説

$$H_1^+ : \Delta > 0$$

で表し**右側対立仮説**という．また，後者を

右側対立仮説

$$H_1^- : \Delta < 0$$

と表し**左側対立仮説**という．

左側対立仮説

両者を区別せずにひっくるめて「効果あり」という場合もあり

$$H_1^\pm : \Delta \neq 0$$

と表す．これを**両側対立仮説**という．

両側対立仮説

以後，本書では，これまで使ってきた表現「バラツキのみに支配されている」を「帰無仮説 H_0 の下で」と表す．さらに，「指標の値が大きければ処置効果ありとされる場合」を「帰無仮説 H_0 に対立仮説 H_1^+ を対比する場合」と表現する．また，「指標の値が小さければ処置効果ありとされる場合」を「帰無仮説 H_0 に対立仮説 H_1^- を対比する場合」と表現する．

4.1.4 P値の数学的表現

評価指標を T，データから算出された評価指標の値を A とする．対立仮説 H_1^+ を帰無仮説 H_0 に対比する場合，P値が求められるのは $A > 0$ の場合で，P値は次のように表すことができる．

$$P 値 = P(T \geq A \mid H_0).$$

同様に，対立仮説 H_1^- を帰無仮説 H_0 に対比する場合，データから算出される T の値を B とすると，P値が求められるのは $B < 0$ の場合であり，P値は次のように表される．

$$P 値 = P(T \leq B \mid H_0).$$

4.1.5 確率分布モデル

図 2.2 は，H_1^+ を想定したときのP値を表す．図の黒塗りの部分の面積（P値）を求めるには，第1章で述べたように H_0 の下で評価指標 (T) がしたがう確率分布，すなわち図の曲線を具体的な関数形で書き表さなければならないが，この分布は「神のみぞ知る」分布である．

人の世界では適当な確率分布モデルで近似せざるをえない．

そこで，図の黒塗りの部分の面積（P値）を近似的に求めるいくつかの方法が提案されている．

第一の方法は，**パラメトリック法**とよばれる方法である．評価指標の分布は，データの分布を指定すれば数学的に導くことができる[3]ので，パラメトリック法では，データの分布に対して近似が良い確率分布が設定される．第1章で述べたように連続型データの場合は，正規分布モデルが適用されることが多い．

また，2値データの場合は二項分布モデル，頻度データの場合はポアソン分布モデルが適用されることが多い[4]．

第二の方法は，**ノンパラメトリック法**とよばれる方法である．この方法は，連続型データの場合には，外れ値のデータがあったり，データの分布が左右対称，釣り鐘型の分布から大きく外れており正規分布で近似するのが難しい場合に適用される．また，分割表に整理されたカテゴリカルデータの場合にも適用される．ノンパラメトリック法では，評価指標を直接用いるのではなく，まずデータの値を

パラメトリック法

[3] 算出法の開発は，多くの数理統計学者の輝かしい貢献である．

ノンパラメトリック法

[4] 二項分布とポアソン分布については『バイオ統計の基礎』[10]，pp.39–45 を参照されたい．

小さい方から大きさの順に並び替えて各データの大きさの順位（順位データという）を求めておき，次に順位データを用いて評価指標の値を算出して，P値を算出する．

第三の方法は，**コンピュータ集約的方法 (computer intensive method)** とよばれる方法である．この方法は，大雑把にいえば，データからコンピュータでサンプリングをくり返し行いデータの分布を再現して，再現された分布からP値を算出する方法である．近年は，コンピュータ集約型P値をアウトプットする統計ソフトもあるが少数である． <!-- 傍注: コンピュータ集約的方法 -->

多くの統計ソフトは，ユーザーがパラメトリック法またはノンパラメトリック法のどちらかを選択すれば，P値を算出してくれる．ただし，選択はパラメトリック法またはノンパラメトリック法とはなっておらず，例えば，パラメトリック法の場合は「平均の検定」のカテゴリーの中に具体的に「一標本t検定」，「独立サンプルt検定」，「対応のあるt検定」，「一元配置分散分析」，「多元配置分散分析」など具体的なメニューが与えられており，問題に応じて適当なメニューを選択することが求められる．

表4.1に，よく用いられるP値算出のための統計的検定を与えた．

表 4.1 よく用いられるP値算出のための統計的検定

比較する標本数	独立した標本	対応がある標本
	[連続型データの場合]	
2	独立サンプルt検定 *	対応のあるt検定 *
	Wilcoxon 順位和検定 †	Wilcoxon 符号付き順位検定 †
3以上	分散分析 F 検定 *	repeated measure 分散分析 *
	Kruskal-Wallis 検定 †	Friedman 検定 †
	[2値データの場合]	
2以上	カイ2乗検定	McNemar 検定
	[順序カテゴリカルデータの場合]	
2	Wilcoxon 順位和検定 †	Wilcoxon 符号付き順位検定 †
3以上	Kruskal-Wallis 検定 †	Friedman 検定 †

* パラメトリック検定，† ノンパラメトリック検定

厄介なのは，統計ソフトによっては，同一の算出法でP値を算出するにもかかわらず異なるメニュー名を使用しているものがあることである．いずれにしても，問題に応じて適切にメニューを選択し

てP値を算出するには『バイオ統計の基礎』[5]第6章程度の統計学の基礎知識が必要である.

[5] 柳川・荒木[10]. 近代科学社.

4.2 統計ソフトからアウトプットされるP値

近年,統計学の適用範囲の拡大が目覚ましい勢いで進んでいる.手ごろな統計解析ソフトの開発・普及のお陰である.難解な統計学を学習しなくても,統計ソフトを使用すれば,マウスを何回かクリックするだけでP値がアウトプットされる.

しかしながら,汎用統計ソフトからアウトプットされるP値は,多くの場合両側P値である.指標の方向性まで把握してP値を求めるのは煩雑でしかも汎用性が失われるので,少々保守的になっても誰でもが使える方が良いというのがその理由である.

問題によって左側,右側,あるいは両側対立仮説を丁寧に設定し仮説を検定するというのが伝統的な科学の方法であったが,時代の流れはいかんともし難い.

両側P値は,指標をTで表しデータから算出された指標の値をAとするとき「$H_0 : \Delta = 0$」に「$H_1^+ : \Delta > 0$」と「$H_1^- : \Delta < 0$」のどちらを対比」するかを無視,すなわちAの符号を無視して$|T| \geq |A|$である確率を帰無仮説H_0の下で求めたものである.図で説明すると図4.3の黒塗りの部分,すなわち$|A|$より大きい右スソの部分の面積と,$-|A|$より小さい左スソの部分の面積を加えたものになる.

数学的には両側P値は,次のように表される.

$$両側 P 値 = P(|T| \geq |A| \mid H_0 : \Delta = 0).$$

もし図4.3の様にH_0の下でのTの分布が左右対称なら,汎用統計ソフトからアウトプットされるP値は,上で解説したFisherのP値の2倍になる.

両側P値は,評価指標の方向性を区別せずに「効果あり」,すなわち$\Delta > 0$,または$\Delta < 0$の場合であり,両側対立仮説

$$H_1^\pm : \Delta \neq 0$$

に対応する.

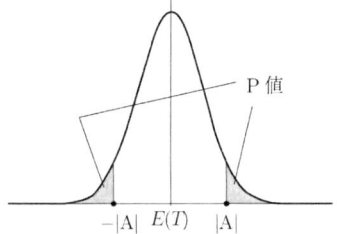

図 4.3　汎用統計ソフトがアウトプットする P 値

■■■ 第 4 章のまとめ ■■■

- 帰無仮説と対立仮説：その 1
  P 値は，「処置の効果がない」という仮定のもとで指標が偶然のバラツキのみに支配されていると想定して算出した．「処置の効果がない」ということは，$\Delta = 0$ ということである．「処置の効果がない」という命題を帰無仮説とよぶ．これに対して「処置の効果あり」という命題を対立仮説という．
- 帰無仮説と対立仮説：その 2
  効果の大きさを Δ で表すと，帰無仮説は記号で

$$H_0 : \Delta = 0$$

で表される．評価指標の値が大きくなるとき処置の効果ありと見なせる場合の対立仮説を

$$H_1^+ : \Delta > 0$$

と表し右側対立仮説という．また，評価指標の値が小さくなるとき処置の効果ありと見なせる場合の対立仮説を

$$H_1^- : \Delta < 0$$

と表し左側対立仮説という．これに対し，方向性は問わず処置効果ありと主張する場合の対立仮説を

$$H_1^\pm : \Delta \neq 0$$

で表し両側対立仮説という．

- P値算出の背後にはさまざまな数学的仮定がある

  P値は，様々な仮定の下で算出される．例えば，連続型データの二標本パラメトリック検定の場合，多くの場合正規分布モデルが仮定され，さらに両母集団の分散の均一性が仮定されることが多い．しかしながら，これらの仮定やモデルがデータに適合しない場合もある．もし，そうなら，P値は妥当性を失う．データの特徴や分布を要約統計量やグラフで把握したうえでデータに適合する適切なモデルを立ててP値を算出することが重要である．

- 統計ソフトがアウトプットするP値

  本書では，片側P値に焦点を当てて解説している．これに対して，統計ソフトがアウトプットするP値は両側P値である．帰無仮説 H_0 の下での評価指標の分布が左右対称ならば，統計ソフトがアウトプットするP値 $= 2 \times$ 片側P値である．

5 統計的推論と統計的判定：真の検定を求めて

統計的検定には大きく分けて二つの考え方がある．一つはP値に基礎をおくFisher流の考え方，もう一つはNeyman-Pearson流の考え方である．前者は統計的推論，後者は統計的判定に焦点を当てている．FisherとNeymanは，Fisherが亡くなるまで約30年間考え方の違いを巡って論争を続けた．本章では，統計的検定の二つの考え方を紹介するとともに，あるべき真の検定について学習する．

5.1 推論と判定

5.1.1 統計的推論

P値は，近代統計学の父といわれるR. A. Fisherが1925年に出版したテキストの第4章で，カイ二乗検定の結果を解釈するツールとして提案された (Fisher[1])[1]．

Fisherは，2標本の平均値の差が，そのバラツキの大きさ，すなわち標準誤差，と比べて大きければ大きいほど「母集団間に差あり」のエビデンス力が高い，すなわちP値を使って言い表すと，P値が小さければ小さいほどエビデンス力が高いと考えた．

Fisherは，平均値の差が，その標準誤差の2倍未満であれば，両母集団間の差はバラツキによる差であって考慮に値しない，2倍以上の差があるとき，初めてその差は，科学的に意味ある差であるか否かを検討する対象になりえると考えた．両母集団間に差がないとしたときの平均値の差が，その標準誤差の2倍以上になる確率は，正規分布を仮定したとき約5%である，ということで有意水準5%をP値を評価する一つの目安とした．

[1] カイ二乗検定は，二つの母集団の均一性，あるいは独立性の検定としてKarl Pearsonによって1900年に開発されている．

つまり，P 値 > 0.05 のとき，検討の対象から外す．P 値 ≤ 0.05 のとき，差が対象科学領域で意味ある差であるか検討する，という検定方式を提案した．これを **Fisher 流の検定**という[2]．

Fisher 流の検定では，P 値が小さいほどエビデンス力が高いと考えるが，たとえ P = 0.0001 の場合であっても，「両母集団間に差あり」とは断定しない．「差あり」を示唆するだけである．Fisher は，たとえ P = 0.0001 の場合であっても，研究対象領域の真の意味ある差との間に乖離があること，さらに P 値がサンプルサイズに依存することなどもよく認識していた．

Fisher は，処置効果あり，なしの判定は研究の主席研究者が，P 値，研究対象および症例数等を総合的に考慮して決めるべきことであると考えていた．確かに，がんなど生死に係わる疾患を対象とする場合と，花粉症などのそうでない疾患の場合の薬剤の臨床試験では P 値の重さが異なる．Fisher のこのような考え方を**統計的推論**という．P 値は，小さければ小さいほど高いエビデンス力を表すモノサシとして統計的推論の中で位置づけされている．

> Fisher 流の検定
> [2] 有意性検定とよばれることもある．

> 統計的推論

5.1.2 統計的判定

統計的推論を重視した Fisher に対して，「母集団間に差あり」と「差なし」を二者択一の決定問題と考える研究者も多い．

Neyman-Pearson[11] は問題を，帰無仮説 (H_0)：「効果なし」と対立仮説 (H_1)：「効果あり」を設定して，データに基づいてどちらの仮説がより妥当な仮説であるかを判定する判定問題として問題を設定した．

彼らはまず，「判定」の誤りは H_0 が正しいときこれを間違って棄却する誤り（**第一種の過誤**）と H_1 が正しいときこれを誤って棄却する誤り（**第二種の過誤**）の 2 種類あること，しかも第一種と第二種の過誤は競合的であること，を認識した．その上で，次にこの判定問題を，第一種の過誤をおかす確率を一定値 α 以下に抑えたうえで第二種の過誤をおかす確率を最小にするという制約付最小化問題として数学的に定式化した．これが近年の統計的検定論の基礎となっている．彼らの理論から，様々な状況に応じて最強力と呼ばれる豊かな検定方式が導かれる．

> 第一種の過誤
> 第二種の過誤

今日，数理統計学者の多くは，Fisher 流の検定は数学的に不完全であり，Neyman-Pearson の Fundamental Lemma (Neyman and

Pearson[11]）が統計的検定を一般化・完成させたと認識しており，数理統計学の多くのテキストはその認識のもとで執筆されている．医・歯・薬学系における統計学の基礎教育もこのような数理統計学の流れを汲むテキストを使って，Neyman-Pearson 流検定が教えられているところが多い．P 値が教えられることはほとんどない様である．

Neyman-Pearson が用いた一定値 α は**有意水準**とよばれる．この判定では，あらかじめ有意水準 α を定めることが必須で，この結果定まる棄却点に対して指標の値が棄却点以上なら「有意な治療効果があった」，棄却点未満なら「有意な治療効果があったとはいえない」と判定する．このような判定を **Neyman-Pearson 流の検定**という．あるいは，単に**統計的検定**とよばれることも多い．有意水準 α は，Fisher 流検定で提案された「判定の目安」，すなわち 5% に設定されることが多い．

有意水準

Neyman-Pearson 流の検定
統計的検定

5.2　P 値と統計的検定

有意水準 α の Neyman-Pearson 流検定による「治療効果」の判定は，Fisher が導入した P 値を算出して P 値が有意水準 α 以下のとき「有意な効果があった」と判定する方式になっている．Fisher の P 値の意に反して P 値を便宜的に α 以下か，そうでないかの判定に利用する．

この判定は，機械的な判定で分かりやすい．有意水準は通常 5% に設定される．現代は統計ソフトが発展していて，統計ソフトを適切に選択してボタンを押すと（両側）P 値がアウトプットされる．研究者は，アウトプットされた P 値を見て，P 値が 5% 未満なら「効果あった」，5% 以上なら「効果なかった」と頭を使わずに自動的に判定することができる．機械学習や，人工知能 (AI) では，機械的な判定をくり返して問題解決を行うが，この便利さがうけて幅広く際限なく応用されている．

他方，統計的推論は科学的課題の解明に取り組み，生のデータと取り組んでいる生物学や医学などの分野の自然科学者たちの感覚にマッチしており，特に P 値がもつエビデンス力が高く評価されている．それゆえに，これらの研究者たちの分野の学術専門誌には，

Fisher 流の P 値が溢れている．

一方，通常の講義で学ぶ検定は Neyman-Pearson 流の統計的検定であふれており，推論を重んじた Fisher の P 値が教えられることはほとんどない．そのギャップは，まことに大きく第 3 章で紹介した深刻な誤用を生む原因にもなっている．

くり返しになるが，有意水準 α の Neyman-Pearson 流検定では，便宜的に P 値を利用するだけで，P 値の大きさは問わない．有意水準を 5% に定めるとき，$P < 0.0001$ であろうが $P = 0.049$ であろうが，その違いは無視して一律に「有意水準 5% で有意な治療効果があった」あるいは，単に「有意な効果があった」と判定する．これに対して Fisher は，$P < 0.0001$ と $P = 0.049$ では，エビデンス力に大差あり，と考える．さらに，限られたデータからの「判定」に対して，以下のような激しい批判をくり返し行った．

5.3 Neyman-Pearson 流検定に対する Fisher の批判

Fisher はいう．最初に定められる有意水準 α，多くの場合 5%，は対象とする科学的問題とは一切関係なく定められるではないか．このような有意水準をもって「有意な効果があった」と判定しても，その判定は「科学的な真の効果」とは一切関係がない．P 値が有意水準 α 以下になることを主張しているだけのこと，いいかえれば，偶然のみに支配されたバラツキと比べると指標の値が相対的に大きいことを統計的に表現したものにすぎない，と．Fisher は，さらにいう．科学の研究は，科学的証拠を積み上げて真実に迫るための仮説の一連の山のようなシリーズからなっており，仮説を一つひとつ検証しながら推論を深め科学的証拠を押さえていくという一連のプロセスであって，統計的検定はその中のささやかな一つでしかない．その流れを無視して単独の指標に対する P 値だけで，しかも限られたデータに基づいて科学的証拠の判定を行うなどできっこない．実質科学の特徴を無視した有意水準 α で判定するなんて，とんでもない，と．

Fisher の批判に対して科学的研究に関わる多くの研究者は妥当と考えている．例えば，ハーバード大学に統計学科を設立し初代学科長を務めた 20 世紀最高の統計学者のひとりと言われている F.

Mosteller (1916–2006) は「統計的検定は決定するための方法ではなく，結果を報告するための方法である」と述べている (Mosteller, Gilbert and McPeek[12])．決定するためには，もっと多くの情報を検討することが必要であるという主張である．

5.4　真の統計的検定：現代版

科学的研究には，探索的研究と検証的研究がある．通常，長い時間をかけた探索的研究の最後に検証的研究が実施される．

例 5.1　探索的研究と検証的研究

典型的な一つの例として，医薬品の開発の過程を見てみよう．医薬品の開発は，特定の疾患をターゲットとして行われるが，選択された候補化学物質に対して発がん性がないかどうか（発がん性試験），あるいは遺伝子に突然変異を引き起こす可能性はないかどうか（変異原性試験）など様々な試験が細胞やラットなどの動物に対して行われる．候補物質の安全性が確認されると，次に健常なヒトを対象にして第 I 相試験が行われ，化学物質を薬剤化するための基本情報が集められる．次の段階で当該疾患の患者を対象とする第 II 相試験が行われ，薬剤の至適用量・用法が探索的に吟味される．有望ということになれば，有効性と安全性を検証するために当該疾患の患者を対象として第 III 相試験が行われる．第 III 相試験では，プラセボや実薬を対象にしたランダム化比較試験が行われ，開発中の薬剤の非劣性や優越性を検証するため統計的検定が行われる．

この一連の薬剤開発過程の中で，第 III 相試験が検証的研究であり，第 III 相試験に至るまでの研究が探索的研究である．探索的研究では頻繁に統計的検定が適用されるが，そこでは研究を次のステップに進めるに値する薬剤の有用性のエビデンスがあるかどうか推測することが検定の目的である．これに対して第 III 相試験では，開発された薬剤が，対象疾患の患者に真に有効で，しかも安全であることを確認するための検証的研究である．

5.4.1　検証的研究に関する妥当な検定

探索的研究と検証的研究は例 5.1 に示したように，その目的が大

きく異なっている．統計的検定の適用も探索的研究の場合と検証的研究の場合に分けて考える方が良い．本節では，まず検証的研究に関する妥当な検定の考え方を紹介する．

検証的研究に関する妥当な検定

薬剤開発の第 III 相試験では，非劣性や優越性検定が適用されるが，特に優越性の検証は，次のような一連の手順で行うことになっている．

（手順 (i)）　これだけあれば「医学的に意味ある差あり」とみなせる主要評価項目の差 δ_0 を定め，

（手順 (ii)）　有意水準 5%，検出力[3] 80% で δ_0 を検出するための必要症例数を机上計算でもとめ，

（手順 (iii)）　その症例数の患者をランダムに割り付けるための表を作成し，その表に従ってその症例数の患者を集め，ランダムに服用群と被服用群に分け，

（手順 (iv)）　服用群の患者には薬剤を，非服用群の患者にはプラセボと呼ばれる偽薬，あるいは対照役薬として選定された薬剤を一定期間服用してもらい，

（手順 (v)）　両群の成績から P 値を算出し，

（手順 (vi)）　P 値 ≤ 0.05 のとき，有意水準 5% で効いた，そうでないとき効いたとは言えないと判定する．

[3] 検出力という用語の定義は p.51 に与えている．

この検定は，一見 Neyman-Pearson 流の二者択一検定であるが，（手順 (i)）と（手順 (ii)）が新しい．（手順 (i)）と（手順 (ii)）は，前節の Fisher の批判を受け入れ，生かしたもので，このようにしてサンプルサイズを決定しておけば，（手順 (vi)）で効いたと判定された場合，効果 $> \delta_0$ が保証される．

一般に Neyman-Peason 流検定が妥当性をもつためには（手順 (i)）と（手順 (ii)）が不可欠である．いいかえれば，（手順 (i)）と（手順 (ii)）でサンプルサイズが事前に統計的に設定されていない限り，Neyman-Pearson 流検定は適用すべきではない．

5.4.2 探索的研究に関する妥当な検定

探索的研究の過程で適用される比較試験では，多くの場合，サンプルサイズが事前に統計的に設定されていない．探索的研究では，限

られたデータに基づいて，研究を次のステップに進めるに値するエビデンスがあるかどうか推測することが目的であることが多い．

このとき，Neyman-Peason 流検定の適用は妥当ではない．P 値をエビデンス力を表すモノサシとして用いる，Fisher 流の統計的推測を適用すべきである．ただし，前章で示したように，P 値にはバラつきがあるため，P 値だけに基づいて推測を行うのではなく，例えば，差やハザード比などの評価指標の値，信頼区間など他の様々な統計量の値や対象とする科学分野の知識等を考慮した上で，総合的に推測することが重要である．

5.5　P 値と予測値：ベイズ的観点

原点に立ち返って考えてみよう．統計的検定は，ある事柄（対立仮説）がいえるのではないかという思いが，まずあり，これを直接的に調べるのは困難であるため「この事柄が成り立たない」（帰無仮説）と考えると矛盾が起きることを示すことによって対立仮説が成り立つことを示すという論理構造となっている．

いいかえれば，統計的検定では，「成り立たない」よりも「成り立つ可能性が高い」仮説が対立仮説として設定される．このことを確率的に表現すると，帰無仮説 (H_0) よりも対立仮説 (H_1) の方が起こりやすい．つまり

$$R = \frac{P(H_1)}{P(H_0)} \geq 0.5 \tag{5.1}$$

が想定されていると考えてよい．H_0 と H_1 は，例えば具体的に

$$H_0: \Delta = 0, \quad H_1: \Delta > 0$$

と表されるので，$P(H_1)$，$P(H_0)$ はパラメータ Δ の空間に確率を考えていることに他ならない．この確率を**事前確率**という．

事前確率

統計学の研究者の中にはパラメータ Δ の空間に事前確率を導入して統計的推論を行うベイジアン (Beysian) とよばれる研究者たちがいる．本節では，Beysian の立場から P 値と予測値について考える．

$H_1: \Delta > 0$ を $H_0: \Delta = 0$ に対比する検定を考え，検定統計量を T，データから算出した T の値を t_o とおく．このとき，P 値は次式

で与えられる．

$$P = P(T \geq t_o \mid H_0). \qquad (5.2)$$

定義 5.1 $T \geq t_o$ のとき H_1 が正しい確率，すなわち $P(H_1 \mid T \geq t_o)$ のことを **H_1 の予測値**という．

H_1 の予測値

ベイズの定理[4]より，次の定理が成り立つ．

[4] 柳川・荒木[10]．定理 1.7，p.15 参照．

定理 5.1 (5.1) 式で与えられた R，および (5.2) 式で与えられた P 値に対して，次式が成り立つ．

$$P(H_1 \mid T \geq t_o) = \frac{P(T \geq t_o \mid H_1)R}{P(T \geq t_o \mid H_1)R + P}.$$

定理 5.1 より，$P(T \geq t_o \mid H_1)$ と R を固定するとき，H_1 の予測値 $P(H_1 \mid T \geq t_o)$ は P 値が減少すればするほど増加することが分かる．表 5.1 に，$P(T \geq t_o \mid H_1) = 0.2$，$R = 1$ のときの予測値を与えた．表より P 値 $= 0.05$ のとき予測値 $= 0.60$ であるが P 値 $= 0.01$ のとき予測値は 0.90 であることが分かる．

表 5.1 H_1 の予測値：$P(T \geq t_o \mid H_1) = 0.2$，$R = 1$ のとき

	P 値 $= 0.05$	P 値 $= 0.01$	P 値 $= 0.005$	P 値 $= 0.001$
H_1 の予測値	0.60	0.90	0.95	0.99

しかしながら，P 値が小さくなれば $P(T \geq t_o \mid H_1)$ の値も小さくなることが想定されるので $P(T \geq t_o \mid H_1)$ の値を固定して予測値を評価するのは公平でないかもしれない．そこで

$$h = \frac{P(T \geq t_o \mid H_1)}{P(T \geq t_o \mid H_0)}$$

とおくと，定理 5.1 より，次式が得られる．

$$P(H_1 \mid T \geq t_o) = \frac{hR}{hR + 1}.$$

表 5.2 に，$h, R = 1, 1.2, 1.5 \ldots, 3$ のときの予測値 $P(H_1 \mid T \geq t_o)$ の値を与えた．表より，$h \geq 1$，$R \geq 1$ のとき H_1 の予測値は 0.5 よりも大きいこと，$h \geq 1.2$，$R \geq 1.2$ のときは 0.59 よりも大きいこと，$h \geq 2$，$R \geq 1$ のときは H_1 の予測値は 0.67 以上であることが分かる．

表 5.2 H_1 の予測値 (2)

R	h					
	1	1.2	1.5	2.0	2.5	3
1	0.50	0.55	0.60	0.67	0.71	0.75
1.2	0.55	0.59	0.64	0.71	0.75	0.78
1.4	0.58	0.63	0.68	0.74	0.78	0.81
1.6	0.62	0.66	0.71	0.76	0.80	0.83
1.8	0.64	0.68	0.73	0.78	0.82	0.84
2	0.67	0.71	0.75	0.80	0.83	0.86

Berger, J. O. and Sellke, T. (1987, [13]) は, Beysian の立場から P 値を批判している. しかしながら, 彼らの論文には P 値に対する誤解がある. 本節でみたように H_1 の予測値を評価の対象とすれば, Beysian の立場からでも P 値は統計的推測のための有用なツールであることが示される.

■■■ 第 5 章のまとめ ■■■

- 統計的検定には, 推測を重視する P 値に基づく Fisher 流の考え方と, 2 者択一の判定をターゲットとする Neyman-Pearson 流の二つの考え方がある.
- 科学的研究には, 探索的研究と検証的研究がある.
- 探索的研究には, 推測を重んじる Fisher 流の検定の適用が好ましい. このとき, P 値は推測を行うための重要なツールである. 他方, 検証的研究には Neyman-Pearson 流の検定が好ましい. とはいえ, Neyman-Pearson 流検定は (手順 (i)) これだけあれば「医学的に意味ある差あり」とみなせる主要評価項目の差 δ_0 を定め, (手順 (ii)) 有意水準 5%, 検出力 80% で δ_0 を検出するための必要症例数を決定した後に適用しなければならない.
- 通常の講義では, (手順 (i)) と (手順 (ii)) が無視され Neyman-Pearson 流検定が教えられている. これが統計的検定の誤用の温床になっている.
- P 値は, 結果を報告するため, あるいは統計的推測のためのツールであって, 結果を判定するためのツールではない.
- Beysian の立場からでも, H_1 の予測値を評価の対象とすれば, P 値は統計的推測のための有用なツールである.

6 サンプルサイズの決定

Neyman-Pearson 流の検定は,前章で述べた(手順 (i))と(手順 (ii))でサンプルサイズが事前に統計的に設定されていない限り,適用すべきではない.サンプルサイズを決定するための PC ソフトが開発されており,本書では,これらの PC ソフトを利用してサンプルサイズを決定することを勧めたい.しかし,基本的な考え方を理解していなければプログラムを適正に選択して使用することは難しい.本章では,検定が適用される様々な状況を具体的にとり上げて,プログラムの選択に役立つ基本的な考え方について学習する.

解説を簡明に行うため本章でも前節に引き続きランダム化 2 標本比較に焦点をあてて解説をおこなう.

6.1 統計的検定の検出力

ランダム化 2 標本比較の統計的検定の検出力について考える.処置群は平均 $\mu + \Delta$,分散 σ^2 の正規分布,対照群は平均 μ,分散 σ^2 の正規分布にしたがうとする.Δ が処置効果である.

帰無仮説 $H_0: \Delta = 0$ と対立仮説 $H_1^{(+)}: \Delta > 0$ の検定を考える.

前章 3.1.2 項で学習したように,Neyman-Pearson 流の統計的検定は,有意水準 α をあらかじめ定めておき,第一種の過誤をおかす確率(H_0 が正しいにもかかわらず $H_1^{(+)}$ を選択する誤りの確率)を α 以下に抑えたうえで第二種の過誤をおかす確率($H_1^{(+)}$ が正しいにもかかわらず H_0 を採択する誤りの確率)を最小にするという制約付き最小化問題として数学的に定式化されている.

定義 6.1 [1− 第二種の過誤をおかす確率] のことを**検出力**という. 検出力

検出力というコトバを用いると，Neyman-Pearson 流の検定は，第一種の過誤をおかす確率を有意水準 α で抑えたうえで検出力を最大にする判定法であると言いかえることができる．この判定法を有意水準 α の**最強力検定**という．統計的検定は検出力が高い検定法ほど良い検定法である．

最強力検定

Neyman-Pearson は，この制約付き最大化問題を一般的な枠組みの下で解き，最強力検定を与えた．特に，処置群が平均 $\mu + \Delta$，分散 σ^2 の正規分布，対照群が平均 μ，分散 σ^2 の正規分布にしたがうことを仮定して $H_0: \Delta = 0$ に対立仮説 $H_1^{(+)}: \Delta > 0$ を対比させるとき，処置群の n 個のデータから算出される標本平均を $\bar{Y}$，対照群の n 個のデータから算出される標本平均を $\bar{X}$ として

$$T = \bar{Y} - \bar{X}$$

とおくとき最強力検定は，次で与えられる．

$$T = \begin{cases} \geq c & \text{のとき } H_0 \text{ を棄却し } H_1^+ \text{ を採択,} \\ < c & \text{のとき } H_0 \text{ を棄却できないと判定する.} \end{cases}$$

ただし，c は

$$\alpha = P(T \geq c \mid H_0 : \Delta = 0) \qquad (6.1)$$

より定まる定数である．c は，**棄却点** (critical point) とよばれる．

棄却点

この最強力検定の検出力は定義 6.1 より数学的に，次のように表される．

$$\gamma(\Delta) = P(T \geq c \mid H_1^+ : \Delta > 0), \qquad (6.2)$$

$\gamma(\Delta)$ は，Δ の関数であることから，**検出力関数**とよばれている[1]．
検出力関数には，次の性質がある[2]．

検出力関数

検出力関数の性質 1 サンプルサイズ n を固定した時，$\gamma(\Delta)$ は Δ の増加関数である．

検出力関数の性質 2 Δ を固定した時，$\gamma(\Delta)$ はサンプルサイズ n の増加関数である．

図 6.1 は，ヨコ軸に n，タテ軸に検出力をとり $\Delta = 0.25$，および $\Delta = 0.50$ のとき有意水準 5% の 2 標本検定の検出力の図である．図より，$\Delta = 0.25$ のとき検出力 0.80 を与える n は，ほぼ $n = 200$ であるのに対して，$\Delta = 0.50$ のときは，ほぼ $n = 50$ である．小さい値の Δ を同一の検出力で検出するには，当然のことではあるが，

[1] γ はアルファベットの g に対応するギリシャ語アルファベットでガンマとよぶ．
$\gamma(\Delta)$ は検出力，$1 - \gamma(\Delta)$ は第二種の過誤をおかす確率に対応する．
[2] 柳川・荒木[10]，第 6 章，図 6.3 参照．

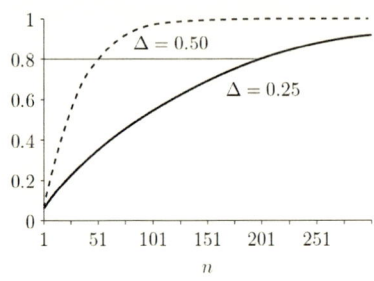

図 6.1 $\Delta = 0.25$，および $\Delta = 0.50$ のとき，有意水準 5% の検定の検出力

大きな値の n が必要である．

片側検定と両側検定の検出力

図 6.1 は，$H_0: \Delta = 0$ に $H_1^+: \Delta > 0$ を対比する片側検定の検出力曲線であった．$H_0: \Delta = 0$ に $H_1^\pm: \Delta \neq 0$ を対比する（両側）検定の検出力と片側検定の検出力の関係はどうなっているのであろうか．

図 6.2 は，$\Delta = 0.25$ の場合に，有意水準 5% の片側検定と両側検定の検出力曲線を，ヨコ軸に n，タテ軸に検出力をとり与えた図である．図より，片側検定の検出力の方が両側検定の検出力よりも，すべての n について大きいことが分かる．このことからサンプルサイズを決定する場合，両者を区別して考えなければならないことが示唆される．

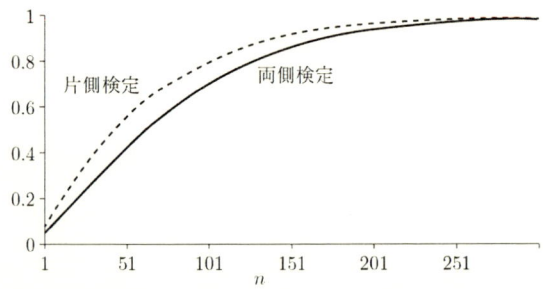

図 6.2 $\Delta = 0.25$ のとき，有意水準 5% の片側検定と両側検定の検出力

6.2 サンプルサイズの決定：連続型データ

6.2.1 2標本問題：正規分布が仮定できる場合

引き続き，$H_0: \Delta = 0$ に $H_1^+: \Delta > 0$ を対比する（片側）2標本検定に焦点を当て，サンプルサイズの決め方について考える．

サンプルサイズ n を決定するには，検出力関数の性質1, 2, および図より，Δ をあらかじめ固定した上で，有意水準 α と検出力を指定しなければならないことが分かる．α と検出力は通常

$$\alpha = 0.05, \quad 検出力 = 0.80$$

に設定される．

未知パラメータ Δ の値は，科学的に「これだけ差があれば処置の差が実質的にある」とみなせる最小値に設定される．例えば，薬剤の臨床試験では，処置を施す対象疾患を考慮して「これだけ差があれば臨床的に処置効果あり」と見なせる最小の処置効果 δ_0 を医学的検討によって定め $\Delta = \delta_0$ と設定する．$\Delta = \delta_0$ と定めると，次の連立方程式が成り立つ．

$$P(T > c \mid H_0) = 0.05$$
$$P(T \geq c \mid H_1^+ : \Delta = \delta_0) = 0.80. \tag{6.3}$$

この連立方程式を数学的に解けば，サンプルサイズ n は，次で与えられる．

$$片側検定のサンプルサイズ： \quad n = \frac{12.3\sigma^2}{\delta_0^2}. \tag{6.4}$$

これは，2標本のサンプルサイズを，それぞれ n とし，さらに2標本が既知の分散 σ^2 をもつ正規分布に従うとして，$H_0: \Delta = 0$ に $H_1^+: \Delta > 0$ を対比させる有意水準5%の（片側）検定に場合に必要なサンプルサイズである．

$H_0: \Delta = 0$ に $H_1^\pm: \Delta \neq 0$ を対比させる有意水準5%の（両側）検定の場合に必要なサンプルサイズは同様にして，次式で与えられる．

$$両側検定のサンプルサイズ： \quad n = \frac{15.68\sigma^2}{\delta_0^2}. \tag{6.5}$$

(6.4)式と (6.5)式より両側検定は片側検定よりも $15.68/12.3 = 1.27$ 倍大きなサンプルサイズが必要であることが分かる.

σ^2 が未知のとき

σ^2 が未知のとき，サンプルサイズを決定する式は，考え方は上と同じであるが，非心 t 分布という難解な分布を使用するため数式が本書のレベルを超えるため割愛する．便利なサンプルサイズ決定のための統計ソフトが開発されているので利用することを勧めたい．また，算出の理論に関心がある読者には永田[14] を勧めたい．

6.2.2 2 標本問題：正規分布が仮定できない場合

データが連続型にもかかわらず正規分布に従っているとみなされない場合には，2 標本 Wilcoxon の順位和検定[3] が適用されることが多い．このときのサンプルサイズはどのように考えればよいのであろうか．

[3] 柳川[15] 参照.

2 標本 Wilcoxon の順位和検定の検出力は，正規分布がデータに良く当てはまるときの最強力検定（2 標本 t 検定）の検出力の 0.95 倍であること，また正規分布がデータに当てはまらないときは，Wilcoxon 順位和検定の検出力は 2 標本 t 検定の検出力よりも大きいことが知られている[15]．このことから，2 標本 Wilcoxon 順位和検定を適用する場合，(6.4)式，または (6.5)式で与えられる n の $(1/0.95) \approx 1.06$ 倍のサンプルサイズを用いる．

あるいは，データを 1.5 節で解説した対数変換などを利用して変換し，正規分布モデルで近似した上で (6.4)式，または (6.5) を利用してサンプルサイズを決定すればよい．

6.2.3 1 標本問題

n 個のデータを，平均 μ, 分散 σ^2 をもつ同一の確率分布にしたがう n 個の確率変数 $X_1, X_2, \ldots, X_n$ を観測した時に得られた値であると考えて，あらかじめ指定した値 μ_0 に対して

$$\text{帰無仮説 } H_0 : \mu = \mu_0$$

に

$$\text{対立仮説 } H_1^{(+)} : \mu > \mu_0, \quad \text{または } H_1^{(\pm)} : \mu \neq \mu_0$$

を対比させる検定問題を **1 標本問題**という．

1 標本問題

典型的な1標本問題のひとつに，次の例で示される **pre-post** デザインによる比較の方法がある．

例 6.1 機能訓練の効果：出典[16], p.118

片側の脚部に機能低下が認められる 26 名の患者に対してリハビリテーションの一つとしてある機能訓練が実施されている．表 6.1 は，機能低下が認められる患者 26 名の中から説明のために選択した 6 名の患者の，訓練前 (pre) と訓練後 (post) の大腿部周囲の測定値である（単位 cm）．

表 6.1 機能訓練前後のデータ

患者 id	1	2	3	4	5	6
訓練後	42.5	37.0	43.0	36.0	37.5	49.0
訓練前	39.5	37.5	43.0	34.0	38.0	48.0

例 6.1 のデータは，同一の患者から訓練前と訓練後に 2 つの標本がとられており見かけは 2 標本問題であるが，以下に見るように本質は，1 標本問題である．一般に，同一の個体からとられた 2 標本は，**対応があるデータ**とよばれている．

対応があるデータ

機能低下が認められた 26 名の患者の年齢，性別，臨床検査値などの背景因子はすべて異なる．訓練前と訓練後のデータを独立した 2 標本として比較すると，各標本の背景因子の差異が訓練効果を隠してしまったり，訓練効果に大きな影響を与えたりするため，機能訓練の成果を正しく評価することができない．

いま，id. i さんの訓練前の大腿部周囲を X_i，訓練後の大腿部周囲を Y_i で表す．このとき，X_i, Y_i は次のように分解して表すことができる．

$$X_i = \theta_i + U_i + [誤差]_{0i},$$
$$Y_i = \theta_i + \Delta + U_i + [誤差]_{1i},$$

ただし，θ_i は訓練前の id. i さんの真の大腿部周囲，U_i は id. i さんの背景因子，Δ は訓練の効果を表すパラメータである．

$$Z_i = Y_i - X_i$$

とおくと，id. i さんの背景因子 U_i と i さん特有の訓練前の大腿部

周囲 θ_i が消えて Z_i は,次の様に表される.

$$Z_i = \Delta + \epsilon_i,$$

ただし,$\epsilon_i = [誤差]_{1i} - [誤差]_{0i}$ は誤差である.

このように,各患者の訓練後の大腿部周辺から訓練前大腿部周辺を引いた Z_i をデータと考えると,訓練効果 Δ の大きさが患者 id. i さんの背景因子と i さん特有の訓練前の大腿部周辺 θ_i の影響を受けず,正当に評価できる.このような研究デザインを **pre-post デ ザイン**という.pre-post デザインは,一見,処置効果に影響を与える可能性をもつ背景因子などの因子[4])をランダム化せずに調整することができるようにみえるが,後に述べるように注意が必要である.

pre-post デザインは,1標本 $Z_1, Z_2, \ldots, Z_n$ に基づいて処置効果 Δ の推測を行うことから,前ページの仮説において $\mu = \Delta$,$\mu_0 = 0$ とした時の1標本問題である.

pre-post デザイン

[4]) 交絡因子とよばれる.

6.2.4 1標本問題のサンプルサイズ:正規分布が仮定できる場合

1標本問題において,$Z_1, Z_2, \ldots, Z_n$ が平均 μ,分散 σ^2 の正規分布に従って分布しているとする.このとき,$H_0: \mu = \mu_0$ に $H_1^+: \mu > \mu_0$ を対比させる有意水準 5%の(片側)検定に必要なサンプルサイズは,2標本問題と同様に考えることによって,次式で与えられる[5]).

$$n = \frac{6.15\sigma^2}{\delta_0^2}, \quad (6.6)$$

また,$H_0: \mu = \mu_0$ に $H_1^{\pm}: \mu \neq \mu_0$ を対比させる有意水準 5%の(両側)検定に必要なサンプルサイズは,

$$n = \frac{7.84\sigma^2}{\delta_0^2}, \quad (6.7)$$

である.両側検定の方が片側検定の $7.84/6.15 = 1.27$ 倍多いサンプルサイズが必要である.上でのべたように,両側検定の検出力は片側検定の検出力よりも小さいからである.なお,この倍率 1.27 は,2標本検定の場合と同一の値である.

[5]) δ_0 は,これだけ差があれば実質科学上差があるとみなすことができる,あらかじめ定めた最小の処置効果の値である.

6.2.5 1標本問題のサンプルサイズ：正規分布が仮定できない場合

正規分布が仮定できない1標本検定の場合，Wilcoxonの符号付き順位検定が適用されることが多い．2標本の場合と同様に，正規分布の仮定が成り立つ場合の最強力検定（1標本t検定）に対するWilcoxonの符号付き順位検定の検出力は，近似的に1標本t検定の検出力の0.95倍であること，また正規分布がデータに当てはまらないときは，Wilcoxonの符号付き順位検定の検出力は，1標本t検定の検出力よりも大きな検出力をもつことが知られている[15]．このことから，Wilcoxonの符号付き順位検定を適用する場合，(6.6)式，または(6.7)式で与えられるnの$1/0.95 \approx 1.06$倍のサンプルサイズを用いる．

6.2.6 ランダム化2群比較検定とpre-postデザインにおける被験者数の比較

図6.3は，ランダム化2群比較試験とpre-postデザインによる比較試験のイメージ図である．図より，ランダム化比較試験では，ランダムに抽出された処置群 n_2 人とランダムに抽出された対照群 n_2 人の比較を行う．つまり，ランダム化2群比較試験では $2n_2$ 人の被験者が必要である．これに対して，pre-postデザインによる比較試験では，ランダムに抽出された n_1 人を処置の前後で比較して処置効果あり，なしを調べる．pre-postデザインによる比較試験では n_1 人の被験者が必要である．

両者に正規分布が仮定できる場合を考え，有意水準5%，検出力80%で処置効果 Δ の片側検定を行うことを想定して，本節では，ラ

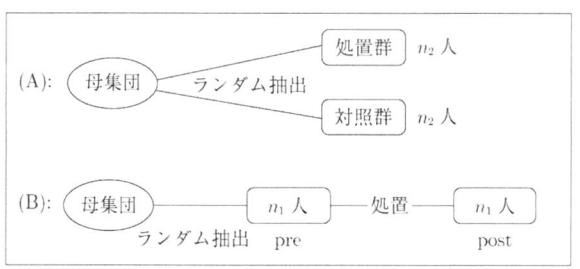

図 6.3 2群比較試験 (A) とpre-postデザインによる比較試験 (B)

ンダム化 2 群比較試験に必要な被験者数と pre-post デザインによる比較試験に必要な被験者数の比較をおこなう．

2 群比較検定の場合，必要な被験者数は (6.4) 式より，次のとおりであった．

$$n_2 = \frac{12.3\sigma^2}{\delta_0^2}, \qquad (6.8)$$

これに対して，pre-post デザインによる比較検定の場合，必要な被験者数は (6.6) 式より，次のとおりであった．

$$n_1 = \frac{6.15\sigma_1^2}{\delta_0^2}, \qquad (6.9)$$

ただし，σ^2 は X_i, Y_j 共通の分散 $(i, j = 1, 2, \ldots, n_2)$，$\sigma_1^2$ は Z_i の分散，すなわち

$$\sigma_1^2 = V(Z_i) = V(Z_{\text{post } i} - Z_{\text{pre } i})$$

である $(i = 1, 2, \ldots, n_1)$．

ランダム化 2 群比較試験では X_i と Y_i は互いに独立であるが，pre-post デザインによる比較試験では処置の前後で同一の被験者が測定されるため $Z_{\text{pre } i}$ と $Z_{\text{post } i}$ には，一般的に正の相関がある．相関係数を $\rho(>0)$ で表し，

$$\sigma^2 = V(X_i) = V(Y_i) = V(Z_{\text{pre } i}) = V(Z_{\text{post } i})$$

とおくと

$$Cov(Z_{\text{post } i}, Z_{\text{pre } i}) = \rho\sigma^2$$

と表されるから

$$\sigma_1^2 = V(Z_{\text{post } i}) - 2Cov(Z_{\text{post } i}, Z_{\text{pre } i}) + V(Z_{\text{pre } i}) \quad (6.10)$$
$$= 2\sigma^2(1-\rho). \qquad (6.11)$$

これを (6.9) 式に代入すると

$$n_1 = \frac{12.3(1-\rho)\sigma^2}{\delta_0^2}$$

を得る．さらに，(6.8) 式と比べると関係式

$$n_1 = (1-\rho)n_2$$

を得る．つまり，同一の処置効果 $\Delta = \delta_0$ を有意水準 5%，検出力 = 80% の統計的検定で検出するとき必要な被験者数は，比較試験のデザインによって大きく異なり，ランダム化 2 標本比較検定では $2n_2$ 人の被験者が必要なのに対して，pre-post デザインによる比較検定では $n_1 = (1-\rho)n_2$ 人の被験者ですませることができる．ただし，pre-post 比較試験では，**平均への回帰**[6] によるバイアスが入る危険があり適用に注意を要する．

平均への回帰

[6] 柳川[16]，第 2 章参照．

6.3　サンプルサイズの決定：2 値データ

6.3.1　2 標本比率の検定

評価指標が効果あり，効果なしなどの二値で測られる場合，2 群比較試験で得られるデータは表 6.2 のような 2 × 2 表にまとめられる．

本節では，表 6.2 のような表にまとめられるデータを対象にして，有効率の差の検定に必要なサンプルサイズについて考える．

表 6.2 二値データをまとめた 2 × 2 表

	効果あり	効果なし	合計
処置群	Y	$n-Y$	n
対照群	X	$n-X$	n

表 6.2 の処置群と対照群の「効果あり」の患者数 Y と X が，それぞれ二項分布 $B(n,p_1)$ と $B(n,p_0)$ にしたがうとする．ここに，p_1, p_0 は，それぞれ処置群と対照群の，ひとりの患者当たりの真の有効率である[7]．

処置群の有効率 p_1 の推定値と，対照群の有効率 p_0 の推定値は，それぞれ，次で与えられる．

$$\hat{p}_1 = Y/n, \qquad \hat{p}_0 = X/n.$$

帰無仮説 $H_0: p_1 = p_0$ に 対立仮説 $H_1^+: p_1 > p_0$ を対比する（片側）2 標本検定に焦点を当て，サンプルサイズ n の決め方について考える．

- まず 処置の効果を $\Delta\ (= p_1 - p_0)$ とおき，「これだけ差が

[7] おもてが出る確率が p のコインを n 回投げたとき，おもてが出る回数の合計は二項分布 $B(n,p)$ にしたがう．このモデル（二項分布モデル）を処置群と対照群に当てはめている．

- あれば，実質科学的に効果あり」とみなすことができる量 $\Delta = \delta_0 > 0$ を決定する．
- つぎに，p_0 を決定する．対照群は，多くの場合，従来の処置法が適用された群あるいは処置を全く施さなかった群が選択されているので p_0 の値は，既存のデータを調べれば妥当な値が指定できる．
- このとき，有意水準 α と $\Delta = \delta_0$ での検出力は，次の様に表される．

$$\alpha = P(\hat{p}_1 - \hat{p}_0 \geq C \mid \Delta = 0),$$
$$検出力 = P(\hat{p}_1 - \hat{p}_0 \geq C \mid \Delta = \delta_0)$$

- 有意水準 α と検出力の値を指定する．α と検出力は通常

$$\alpha = 0.05, \quad 検出力 = 0.80$$

と指定される．このとき，次の連立方程式が成り立つ．

$$P(\hat{p}_1 - \hat{p}_0 \geq C \mid \Delta = 0) = 0.05,$$
$$P(\hat{p}_1 - \hat{p}_0 \geq C \mid \Delta = \delta_0) = 0.80.$$

この連立方程式を数学的に解けば，有意水準 5%，検出力 80% をみたす，H_0 に $H_1^+ : p_1 - p_0 = \delta_0 (\delta_0 > 0)$ を対比する（片側）検定のサンプルサイズは，

$$E = 0.84\sqrt{(p_0 + \delta_0)(1 - \delta_0 - p_0) + p_0(1 - p_0)}$$

とおくとき，次式で与えられる．

$$n = \frac{\left(E + 1.64\sqrt{2p_0(1 - p_0)}\right)^2}{\delta_0^2}. \tag{6.12}$$

同様にすると，H_0 に $H_1^\pm : p_1 \neq p_0$ を対比する（両側）検定のサンプルサイズは，次式で与えられる．

$$n = \frac{\left(E + 1.96\sqrt{2p_0(1 - p_0)}\right)^2}{\delta_0^2}. \tag{6.13}$$

6.3.2　1 標本比率の検定

表 6.3 は，n 個のデータ（1 標本）において，ある注目事象が生起

している (yes) か，否か (no) をまとめた 1×2 表である．このような表にまとめられたデータを対象にして「yes」の比率を検定する問題を **1 標本比率の検定** という．

表 6.3 において「yes」の個数 X が 2 項分布 $B(n, p)$ モデルにしたがうとする．ただし，p は真の「yes」の比率である．p の推定値は

$$\hat{p} = X/n$$

である．帰無仮説は p が特定の値 p_0 に等しい，すなわち

$$\text{帰無仮説} \quad H_0 : p = p_0$$

である．次の（片側）対立仮説を考える．

$$\text{対立仮説} \quad H_1^+ : p > p_0.$$

表 **6.3** 1 標本二値データをまとめた 1×2 表

	yes	no	合計
被験者	X	$n - X$	n

H_0 に H_1^+ を対比する有意水準 α の最強力検定は，次式で与えられる．

$$\hat{p} - p_0 \begin{cases} \geq C & \text{のとき } H_0 \text{を棄却し } H_1^+ \text{を採択．} \\ < C & \text{のとき } H_0 \text{を棄却できないとして } H_0 \text{を採択．} \end{cases}$$

ただし，C は

$$\alpha = P(\hat{p} - p_0 \geq C \mid \Delta = 0)$$

より定まる定数である．

処置効果 Δ は，$\Delta = p - p_0$ で表される．

また，有意水準 α と $\Delta = \delta_0$ での検出力は，次で表される．

$$\alpha = P(\hat{p} - p_0 \geq C \mid \Delta = 0),$$
$$\text{検出力} = P(\hat{p} - p_0 \geq C \mid \Delta = \delta_0).$$

有意水準 α と検出力を

$$\alpha = 0.05, \quad \text{検出力} = 0.80$$

と指定して2標本の場合と同様に考えると，（片側）検定に必要なサンプルサイズは，次式で与えられる．

$$n = \frac{\left(0.84\sqrt{(p_0+\delta_0)(1-p_0-\delta_0)} + 1.64\sqrt{p_0(1-p_0)}\right)^2}{\delta_0^2}. \tag{6.14}$$

同様に，H_0 に $H_1^{\pm}: p_1 \neq p_0$ を対比する（両側）検定のサンプルサイズは，次式で与えられる．

$$n = \frac{\left(0.84\sqrt{(p_0+\delta_0)(1-\delta_0-p_0)} + 1.96\sqrt{p_0(1-p_0)}\right)^2}{\delta_0^2}. \tag{6.15}$$

6.3.3 pre-post デザインに必要なサンプルサイズ

pre-post デザインによる比較は，一見2標本であるが，連続型データの場合に見た様に本質的には一標本問題であった．次の例を取り上げて pre-post デザインによる比率の比較に必要なサンプルサイズについて考えてみよう．

例 6.2 転倒予防事業の効果：出典[17], p.62
転倒予防事業は，65歳以上の転倒の可能性が高い高齢者を対象として，転倒による骨折・外傷を予防し，要介護状態になることを防ぐ目的で，筋力向上訓練，平衡感覚向上訓練を3ヶ月間に10回行っている．この予防事業の効果を調べる目的で，転倒事業に参加した高齢者の訓練開始前 (pre) と訓練終了後 (post) に運動機能低下「あり」，「なし」のデータをとり，運動機能低下「なし」の対象者の pre と post の割合を比較したい．有意水準 5%，検出力 80% で統計的検定を行うために必要なサンプルサイズを求めよ．ただし，機能低下ありの割合を少なくとも2割減少させたとき「訓練効果あり」とする．

例 6.2 は，pre-post デザインによる比較である．このデザインは，例 6.1 の解説で紹介した様に，性別，年齢，個体差などの背景因子の影響を受けずに比較を実施できるデザインである．例 6.1 との違いはデータが2値データであること，したがってデータおよびセル確率が表 6.2 のような 2×2 表にまとめられることである．なお，セル確率とは，例えばセル (1,1) の p_{11} は，訓練開始前に機能低下あ

表 6.4 訓練前後の運動機能低下

データ	訓練後		合計
	低下あり	低下なし	
訓練前 低下あり	x_{11}	x_{10}	
低下なし	x_{01}	x_{00}	
合計			n

セル確率	訓練後		合計
	低下あり	低下なし	
訓練前 低下あり	p_{11}	p_{10}	$p_{11}+p_{10}$
低下なし	p_{01}	p_{00}	$p_{01}+p_{00}$
合計	$p_{11}+p_{01}$	$p_{10}+p_{00}$	1

り,かつ訓練終了後にも機能低下があった高齢者の確率を表す.

いま,訓練開始前の機能低下ありの確率は

$$p_{\text{pre}} = p_{11} + p_{10},$$

訓練終了後の低下ありの確率は

$$p_{\text{post}} = p_{11} + p_{01}$$

で表される.例 6.2 で問われているのは,次の帰無仮説 H_0 と対立仮説 H_1^- の(片側)検定である.

$$H_0 : p_{\text{post}} = p_{\text{pre}}, \quad H_1^- : p_{\text{post}} = (1-f)p_{\text{pre}}, \quad \text{ただし } f = 0.2.$$

p_{post} と p_{pre} には同じ p_{11} が加わっているので,これを取り除くと,この帰無仮説と対立仮説は,次のように書き替えられる.

$$H_0 : p_{01} = p_{10}, \quad H_1^- : p_{01} = p_{10} - fp_{pre}.$$

ところで,表 6.4 において,訓練開始前と終了後で変化しなかった高齢者のデータ x_{00} と x_{11} は訓練の効果には効いてこない.訓練の効果の評価には訓練前に「低下あり」が訓練後に「低下なし」に変化したデータと訓練前に「低下なし」から訓練後に「低下あり」と変化したデータ,すなわち逆対角線上のデータ x_{01} と x_{10} だけである.この逆対角線上のデータは,x_{01} と x_{10} の和 m が所与と条件付けると,$m = x_{01} + x_{10}$ 回コインを投げたとき,おもてが x_{10} 回,うらが x_{01} 回出たときのデータと見なすことができる.おもてとうらが出る確率は,セル確率表より,それぞれつぎのように与えられる.

おもてが出る確率 $q_1 = p_{10} / (p_{01} + p_{10})$,
うらが出る確率 $q_0 = p_{01} / (p_{01} + p_{10})$.

また,このとき帰無仮説と対立仮説は,次の様に書き替えられる[8].

$$H_0 : q_1 = \frac{1}{2}, \quad H_1^+ : q_1 = \frac{1}{2} + \delta_0,$$

[8] 本文と合わせるため, H_1^+ の形で書き表していることに注意.

ただし

$$\delta_0 = f p_{\text{pre}} / (2(p_{01} + p_{10})), \quad (f = 0.2).$$

である.

題意から $f = 0.2$ であるが, δ_0 は, p_{pre} と $p_{01} + p_{10}$ を指定しなければ定まらない.これらの値は,先行研究や関連研究研究からの情報を探索して求める.

いま,訓練開始前の 65 歳以上の高齢者の運動機能低下「あり」の割合 p_{pre} はベースラインデータとして約 20% であることが調べられているので $p_{\text{pre}} = 0.20$ とおく.また,先行研究を探索して $p_{01} + p_{10}$ の事前情報を求めたところ, $p_{01} + p_{10}$ は約 0.45 であった.よって, $p_{01} + p_{10} = 0.45$ とおく.

よって

$$\delta_0 = 0.04/(2 \times 0.45) \approx 0.044.$$

上のように, $m = x_{01} + x_{10}$ と条件付けて考えれば,問題は 1 標本比率の検定に帰着する.したがって,この研究において有意水準 5%,検出力 80% を満たす

帰無仮説 $H_0 : p = 0.5$, 対立仮説 $H_1 : p = 0.5 + 0.044$

の検定に必要なサンプルサイズ m は, (6.14) 式に $p_0 = 0.5$, $\delta_0 = 0.044$ を代入すると $m = 793$.

求めるサンプルサイズ n は, m から,次のようにして求める. $m = x_{01} + x_{10}$ であった.右辺の期待値は $n(p_{01} + p_{10})$ であるから,近似的に

$$m \approx n(p_{01} + p_{10})$$

が成り立ち,さらに事前情報により $p_{01} + p_{10} = 0.45$ であった.したがって,サンプルサイズ n は

$$n = 793/0.45 = 1763$$

と見積もることができる．

6.4 データが計数値で与えられる場合

交通事故による死亡など，時間の経過とともに生起する事象の記録のことをイベントデータという．一定の時間区間 $(0,t)$ において生起するイベントの総数は，0 から ∞ までの範囲の整数値をとる計数データである．上述してきたようなサンプルサイズと同じ概念は，イベントデータには存在せず，代わりにサンプルサイズ，および時間区間をどの程度長くとれば比較のために十分なイベントの総数が得られるか，が問われる．本節では，イベントがポアソン過程に従って生起することを想定して，有意水準 5%，検出力 80% を満たす検定に必要なサンプルサイズ n，および観察期間 $(0,t)$ について考える．

まず，ポアソン過程の定義を行う．

定義 6.2（ポアソン過程）

イベントが次の (1), (2), (3) を満たして生起するとき，イベントは**ポアソン過程に従って生起する**という．　　　　　　　　　　　ポアソン過程

(1) 任意の $t > 0$ と十分小さい $h > 0$ に対して時間区間 $(t, t+h)$ に 1 個のイベントが生起する確率は，t に依存せず，区間の長さに比例する，すなわち λh と表される．比例定数 λ のことを，時刻 t での**瞬間危険度（ハザード）**という．　　　ハザード
(2) $(t, t+h)$ にイベントが 2 回以上生起する確率は無視できるほど微小．
(3) 重ならない時間区間に生起するイベントは互いに独立である．

$(0, t)$ に生起するイベントの総数を $X(t)$ で表す．次の定理が成り立つ．

定理 6.1 イベントがポアソン過程に従って生起するとき $X(t)$ は，平均 λt のポアソン分布に従って分布する．

証明．柳川[18], pp.76–79 参照．

6.4.1 サンプルサイズ，および追跡期間：2標本問題

$(0, t)$ を追跡期間 (follow-up period) という．n 人の被験者からなる処置群を $(0, t)$ 期間追跡して得られるイベントデータと n 人の被験者からなる対照群を同一期間追跡して得られるイベントデータの比較の問題を考える．

追跡期間

$(0, t)$ において生起する処置群のイベントと対照群のイベントが，それぞれハザード λ_2，λ_1 のポアソン過程に従って生起すると仮定する．さらに，$X(t)$ を対照群 n 人から $(0, t)$ 間に生起するイベントの総数，$Y(t)$ を処置群 n 人から $(0, t)$ 間に生起するイベントの総数とする．このとき，定理6.1，およびポアソン分布の再生性[9]より $X(t)$，および $Y(t)$ は，それぞれ，平均 $\lambda_1 nt$，$\lambda_2 nt$ のポアソン分布にしたがう．

[9] 柳川[18], pp.32–33 参照．

いま，λ_2 が λ_1 の $f \times 100\%$ 減少したとき処置効果ありとして，有意水準 5%，検出力 80% で処置効果を検出するために必要なサンプルサイズ n，および追跡期間 $(0, t)$ を求める．

いいかえれば，問題は

帰無仮説 $H_0 : \lambda_2 = \lambda_1$, 　　対立仮説 $H_1^- : \lambda_2 = (1-f)\lambda_1$

を，有意水準 5%，検出力 80% で検出するために必要な n，および $(0, t)$ を求めよということになる．次の2段階で解答を与える．

第1段階

第1段階では，$X(t) + Y(t) = m$ が与えられたとしておき，$Y(t)$ の条件付き分布に基づいて，必要なサンプルサイズ m を求める．次の定理を使う．

定理 6.2 イベントがポアソン過程に従って生起するとし，$X(t)$ を対照群 n 人から $(0, t)$ 間に生起するイベントの総数，$Y(t)$ を処置群 n 人から $(0, t)$ 間に生起するイベントの総数とする．このとき，$X(t) + Y(t) = m$ と条件付けたときの $Y(t)$ の条件付き分布は，二項分布 $B(m, p)$ にしたがう．ただし $p = \lambda_2/(\lambda_1 + \lambda_2)$ である．

証明． 定理6.1より $X(t)$，$Y(t)$ はそれぞれ平均 $\lambda_1 nt$，$\lambda_2 nt$ のポアソン分布にしたがう．よって，$X(t) + Y(t) = m$ を given とした時の $Y(t)$ の条件付き確率を求めれば $B(m, p)$ で与えられる．

さて、$Y(t)$ の条件付き分布は定理 6.2 より二項分布 $B(m, p)$ であるから、帰無仮説と対立仮説を二項分布のコトバで書き直すと、次のように表される.

$$\text{帰無仮説 } H_0 : p = 0.5,$$

対立仮説は、$\lambda_2 = (1-f)\lambda_1$ を $p = \lambda_2/(\lambda_1 + \lambda_2)$ に代入することにより

$$\text{対立仮説 } H_1^- : p = 0.5 + \delta_0,$$

で表される. ただし、$\delta_0 = -f/(2(2-f))$.

二項分布 $B(m, p)$ にしたがう $Y(t)$ に基づいて、上の対立仮説を有意水準 5%、検出力 80% で検出するためのイベント数 m を決定する問題は、1 標本比率の（片側）検定の問題にほかならないから、(6.14) 式に $p_0 = 0.5$ を代入すれば、m は、次で与えられる.

$$m = \frac{\left(0.84\sqrt{(0.5+\delta_0)(0.5-\delta_0)} + 0.82\right)^2}{\delta_0^2}. \tag{6.16}$$

ただし、$\delta_0 = -f/(2(2-f))$ である.

同様に、H_0 に $H_1^\pm : p_1 \neq p_0$ を対比する（両側）検定を行う場合に必要な総イベント数は、(6.15) 式より 次式で与えられる.

$$m = \frac{\left(0.84\sqrt{(0.5+\delta_0)(0.5-\delta_0)} + 0.98\right)^2}{\delta_0^2}. \tag{6.17}$$

ただし、$\delta_0 = -f/(2(2-f))$ である.

第 2 段階

上で求めたのは、必要とされる総イベント数 m である. 次に必要とされるサンプルサイズ n、および追跡期間 $(0, t)$ を求めよう. 次の近似を利用する.

$$m \approx (\lambda_1 + \lambda_2)nt.$$

つまり、$X(t) + Y(t)$ の期待値（右辺）を、その推定値（左辺）と等しいとおく. $H_1^- : p = 0.5 + \delta_0$ の下では

$$\lambda_1 + \lambda_2 = (2-f)\lambda_1$$

であるから、上の近似式より

$$nt = \frac{m}{(2-f)\lambda_1} \tag{6.18}$$

を得る．(6.18) 式から分かるように，サンプルサイズ n と追跡期間の長さ t は，分離できない．n と t は，次の例のように問題の実際的な側面から決める．

例 6.3 乳がんの再発

ある地区の中核病院では，乳がんの治療指針として St. Gallen 治療指針が適用されている．St. Gallen 治療指針に合致しなかった患者には，医師の判断で内分泌療法単独か，または化学療法併用のいずれかの治療が行われる．前者を対照群，後者を処置群，評価指標を再発として，過去 5 年間のカルテを精査し化学療法併用が乳がん再発に効果があったかどうかを調べる研究が企画された．化学療法併用が内分泌療法単独よりハザードを 2 割減少させたとき化学療法併用の効果ありとするとき，必要なサンプルサイズを求めよ．

（解）有意水準 5%，検出力 80% で化学療法併用の効果を検出するために必要なサンプルサイズを算出する．

まず，H_0 に H_1^- を対比する片側検定を考える．$f = 0.2$ であるから $\delta_0 = -f/(2(2-f)) = -0.055$．よって，(6.16) 式より $m = 507$ を得る．両側検定の場合は (6.17) 式より $m = 646$ を得る．

次に，(6.18) 式より nt は

$$nt = \frac{507}{(2-f)\lambda_1}$$

と表され，題意より $t = 5$（年）$\times 365 = 1825$（日），$f = 0.2$ である．過去に乳がん手術を受けた 338 例症例のデータを調べると 3 年間 =1095 日の追跡で 29 例の再発があった．これを利用して，1 日当たりの再発のハザードを $\lambda_1 = 29/(338 \times 1095) = 0.00008$ と見積もる．これらの数値を上式に代入すると

$$n = \frac{507}{1.8 \times 0.00008 \times 1825} = 1929.$$

脱落も考慮すれば，片側検定を行う場合，1 群 2000 症例の乳がん手術患者が必要である．

6.4.2 追跡期間：1 標本問題

1 標本イベントデータに対して必要な追跡期間を決定する問題を

考える．時間区間 $(0, t)$ に生起するイベントの総数を $X(t)$ で表し，$X(t)$ が平均 λt のポアソン分布にしたがうとする．

1標本問題では，あらかじめ指定された基準集団から算出される $(0, t)$ 間に生起する総イベント数の期待値 $E(t)$ に対して

$$R = X(t)/E(t)$$

がしばしば重要な指標として用いられ，R が1より大のとき，何らかの原因で基準集団より多くのイベントが生起していると解釈される．以下では，既知の λ_0 に対して $E(t) = \lambda_0 t$ と表される場合について考える．

有意に多くのイベントが生起しているかどうかを検証するには

$$\text{帰無仮説 } H_0 : \lambda = \lambda_0$$

に

$$\text{対立仮説 } H_1^+ : \lambda > \lambda_0$$

を対比する検定を行えばよい．

λ が λ_0 の f 割増加する場合を，有意水準5%，検出力80%で検出するために必要な追跡期間を求めよう．

有意水準と検出力の定義から，次の連立方程式が成り立つ．

$$0.05 = P(X(t) > C \mid H_0 : \lambda = \lambda_0)$$
$$0.80 = P(X(t) > C \mid H_1 : \lambda = (1 + f)\lambda_0)$$

必要な追跡期間 t を求めるには，この連立方程式を解けばよいが，$X(t)$ の期待値と分散はともに λt で，$X(t)$ を標準化した

$$T = \frac{X(t) - E(X(t))}{\sqrt{V(X(t))}}$$

は，標準正規分布で近似できることが知られている[10]ことを利用すれば，この連立方程式は簡単に解けて，次の解が得られる．

[10] 野田, 宮岡[19], p.91 参照．

$$t = \frac{(0.84\sqrt{1+f} + 1.64)^2}{\lambda_0 f^2}. \tag{6.19}$$

例 6.4 1日当たりの平均瞬間危険度が1の基準集団に対して，1日当たりの平均危険度の2割増加を有意水準5%，検出力80%で検定

するために必要な追跡期間を求める.

(6.19) 式に $\lambda_0 = 1$, $f = 0.2$ を代入すれば $t = 164$, すなわち必要な追跡期間は 164 日である.

■■■ 第6章のまとめ ■■■

- 統計的検定はサンプルサイズに依存する.
- Neyman-Pearson 流検定が妥当性をもつためには,あらかじめ (1) これだけあれば「医学的に意味ある差あり」とみなせる主要評価項目の差 δ_0 を定め, (2) 有意水準 5%, 検出力 80% で δ_0 を検出するための必要症例数を決定した後に適用しなければならない.
- 本章では,統計的検定の様々な状況の下に開発された Neyman-Pearson 流検定のためのサンプルサイズ決定法を詳しく紹介した.

7 P値と検出力

P値は，データから算出された評価指標の値以上の極端な値を評価指標がとる確率を帰無仮説の下で求めた値である．他方，検出力は，評価指標の値があらかじめ定めた棄却点以上になる確率を対立仮説の下で求めた確率である．両者は概念的に異なり，両者間に直接的な関連性はない．しかしながら，他のパラメータを固定するとき検出力が大きくなればサンプルサイズは増加し，サンプルサイズが増加すればP値の値は小さくなり，かつP値のバラツキも小さくなるという意味で両者には間接的な関連性がある．

本章では，まずシミュレーションによってP値のバラツキの大きさを評価する．次に有意水準αの検定で有意と判定される判定の再現性が，あらかじめ与えた確率以上になることを保証するサンプルサイズ決定式を与える．この決定式より導かれるサンプルサイズは，検出力に基づく前章で紹介したサンプルサイズ決定式と一致する．つまり，後者によってサンプルサイズを決定しておけば，あらかじめ指定された検出力が保証されるだけでなく，判定の再現性も保障されることを明らかにする．

7.1　P値のシミュレーション

7.1.1　シミュレーション (1)：n を検出力に基づくサンプルサイズ決定式で決定したときのP値の分布

[シミュレーションの手順]

シミュレーションは，サンプルサイズ $n = 20, 50, 100, 150, 200$ の各場合に，次の手順で行う．

手順1 シミュレーションは これだけ差があれば臨床的に処置効果ありと見なせる最小の処置効果 δ_0 を，次のように統計的に与える．

まず，$n = 20$ とし，有意水準 4.8%，検出力 80% を満たす未知パラメータ Δ を決定する．なお，有意水準を 4.8% に設定したのは，シミュレーションの結果，有意水準 5% の検定で有意となる P 値の頻度を吟味したいためである．この検定の検出力は (6.19) 式にならって展開すると容易に得られ，さらに検出力を 80% にしたことから，次式が成り立つ．

$$0.80 = 1 - \Phi\left(1.665 - \sqrt{n/2}\frac{\Delta}{\sigma}\right), \quad (7.1)$$

ただし，σ は既知とし，一般性を失うことなく $\sigma = 1$ としておく．

(7.1) 式より Δ は，次式で与えられる．

$$\Delta = 3.543\sigma/\sqrt{n}. \quad (7.2)$$

次に $n = 50, 100, 150, 200$ の各場合に同様にして Δ の値を求める．表 7.1 に，求めた Δ の値を与えた．

表 7.1 $n = 20, 50, 100, 150, 200$ のときの最小処置効果

n	20	50	100	150	200
$\Delta = \delta_o$	0.79	0.50	0.35	0.29	0.25

手順2 見方を変えて，表 7.1 の $\Delta = \delta_0$ を「これだけ差があれば臨床的に処置効果あり」と見なせる最小の処置効果と見なす．また，n を Nyman-Pearson 流検定で $\Delta = \delta_o$ を有意水準 4.8%，検出力 80% で検出するため前章の方法で決定したときのサンプルサイズと見なす．

表より，$\delta_0 = 0.79$ を検出できる n は $n = 20$ であるのに対して $\delta_0 = 0.25$ を検出するためには $n = 200$ が必要であることが分かる．

第 3 章のシミュレーションは，固定した δ_0 に対して n を勝手に動かした場合であったが，ここでは，固定した δ_0 に対して Nyman-Pearson 流検定のために必要なサンプルサイズ n を用いた場合のシミュレーションである．

手順3 $\delta_0 = 0.79$ とする．このとき表 7.1 より $n = 20$ である．平均 0，分散 1 の正規分布にしたがう乱数を 20 個発生させて[1]，対照

[1] Excel のメニューから「データ分析」を開き，「乱数発生」メニューを選択すれば，乱数が発生できる．

群の $n = 20$ のデータとする．同様に，平均 0.79，分散 1 の正規分布にしたがう乱数を 20 個発生させて，処置群の $n = 20$ のデータとして P 値を算出する．これを 100 回くり返し P 値の分布を求める．

手順 4 手順 1–3 を $\delta_0 = 0.50$ ($n = 50$)，0.35 ($n = 100$)，0.29 ($n = 150$)，0.25 ($n = 200$) の場合にくり返し実行する．

表 **7.2** $\delta_0 = 0.79, 0.50, 0.35, 0.25$ のときの P 値の分布 (1)

基本統計量

δ_0	0.79	0.50	0.35	0.25
n	20	50	100	200
最大値	0.53	0.38	0.44	0.27
75%点	0.033	0.001	0.053	0.024
中央値	4.4×10^{-3}	6.6×10^{-3}	7.8×10^{-3}	3.6×10^{-3}
25%点	4.2×10^{-4}	1.5×10^{-5}	6.0×10^{-4}	8.4×10^{-4}
最小値	7.6×10^{-7}	2.5×10^{-7}	1.4×10^{-7}	3.8×10^{-7}

表 **7.3** $\delta_0 = 0.79, 0.50, 0.35, 0.25$ のときの P 値の分布 (2)

度数分布表

δ_0	0.79		0.50		0.35		0.25	
n	20		50		100		200	
P 値の区間	度数	(累積%)	度数	(累積%)	度数	(累積%)	度数	(累積%)
$10^{-7} \sim 10^{-6}$	1	(1)	2	(2)	3	(3)	0	(0)
$10^{-6} \sim 10^{-5}$	7	(8)	1	(3)	5	(8)	4	(4)
$10^{-5} \sim 10^{-4}$	7	(15)	4	(7)	5	(13)	5	(9)
$10^{-4} \sim 10^{-3}$	22	(37)	17	(24)	15	(28)	19	(28)
0.001~0.01	23	(60)	32	(56)	25	(53)	33	(61)
0.01~0.05	22	(82)	19	(75)	21	(74)	23	(84)
0.05~0.06	2	(84)	1	(76)	3	(77)	3	(87)
0.06~1	16	(100)	24	(100)	23	(100)	13	(100)

[シミュレーション (1) の結果]

表 7.2 に P 値の分布の最大値，75%点，中央値，25%点，および最小値を与えた．また，表 7.3 に，$\delta_0 = 0.79, 0.50, 0.35, 0.25$ の各場合の P 値の度数分布を与えた．この二つの表から，次のことが示唆される．

- 表 7.3 より P 値が 5% 以下になる割合は，$\delta_0 = 0.79, 0.50, 0.35$，0.25 のとき，それぞれ 82%，75%，74%，84% で，いずれも 80% の近くにバラついている．これは，検出力が 80% になるようにサンプルサイズ n が設定されていることから期待され

- るとおりの結果でありシミュレーションが正しく行われたことを示す.
- 表 7.2 より, δ_0 の値が減少すれば, すなわちサンプルサイズ n が増加すれば, バラツキの幅(最大値 − 最小値)が減少する. しかし, 減少の傾向は第 3 章図 3.1 と比べると, それほど強くない.

  これは, このシミュレーションでは有意水準 4.8%, 検出力 80% の検定に限っているため, 例えば $\delta_0 = 0.79$ のとき $n = 20$, $\delta_0 = 0.25$ のとき $n = 200$ のように, δ_0 の値が小さくなると対応するサンプルサイズが増えるからである.

  同じ理由で δ_0 の値が減少すれば中央値が小さくなるという傾向は見られない.

  75%点も δ_0 にかかわらずほぼ一定である.
- つまり, サンプルサイズを第 6 章で紹介した方法で統計的に決定しておけば, P 値の分布は設定された δ_0, つまりサンプルサイズに依存しない. サンプルサイズを決定した時の利点である.
- しかしながら, 表 7.3 は, δ_0 の値によらず P 値のバラツキが極めて大きいことを示している. 例えば, $\delta_0 = 0.79$ の場合を見てみよう. P 値の分布の 75%点は, 0.033, 25%点は, 4.2×10^{-4} で約 100 倍の大差がある. 25%点〜75%点は, 通常よく見られるバラツキの範囲であり, この範囲に 100 倍もの大差がある数値が含まれるということは, 大問題である. P 値 $= 0.033$ と P 値 $= 4.2 \times 10^{-4}$ の間に本質的な差異はないということを意味するからである.
- これは「P 値が小さいほどエビデンス力が高い」という Fisher の主張に反するように見える. しかしながら, この主張は P 値の分布で検証すべきことであって, バラツキをもつ変数の個々の実現値を比較して言えることではない. Fisher の主張の検証は, 次節のシミュレーションで行う.

注意 7.1 上のシミュレーションは, δ_0 を与え n を Neyman-Pearson 流検定で設定したうえで, 処置効果を δ_0 とした場合のシミュレーションである. δ_0 は通常「医学的に意味ある差」の最小値に設定される. 統計的検定は, 実際の処置効果を δ とするとき $\delta < \delta_0$ を否

定する目的で行われるので,δ が $\delta < \delta_0$ か $\delta \geq \delta_0$ であるかは不明である.このため $\delta = \delta_0$ としたときのシミュレーションを行った.上の結果は,このときの結果である.もし,$\delta > \delta_0$ なら,δ と δ_0 の差が大きくなればなるほど,次節で述べる結果に近づく.

7.1.2　シミュレーション (2)：P 値が小さいほどエビデンス力が高い

シミュレーション (2) では,「P 値が小さいほどエビデンス力が高い」という Fisher の主張を検証する.

シミュレーション (2) の手順

上のシミュレーションと同じ手順で $(n = 20, \delta_0 = 0.185)$ と $(n = 200, \delta_0 = 0.375)$ の二つの場合のシミュレーションを実施して P 値の分布を求めた.

シミュレーション (2) の結果

図 7.1 に $n = 20$ のときの P 値の累積頻度（分布関数）を与えた.実線は $\delta_0 = 1.185$,点線は $\delta_0 = 0.79$ の場合である.なお,$\delta_0 = 0.79$ の場合は表 7.3 の累積%を利用した.また,図 7.2 に $n = 200$ のときの P 値の分布関数を与えた.実線は $\delta_0 = 0.375$,点線は $\delta_0 = 0.25$ の場合である.図 7.1 と同様に,$\delta_0 = 0.25$ の場合は表 7.3 の累積%を利用した.

- 図 7.1 および図 7.2 より,大きな値の δ に対応する分布関数が小さな値の δ に対応する分布関数の上側にあることが分かる.

「P 値が小さいほどエビデンス力が高い」は正当である

- 図 7.1 および図 7.2 より,$\delta_1 < \delta_2$ のとき,δ_1 に対応する分布関数 $G_1(x)$ と δ_2 に対応する分布関数 $G_2(x)$ の間には,任意の x に対して $G_1(x) < G_2(x)$ が成り立つことが分かる.本書のレベルを超えるので割愛するが,検定統計量が連続型の分布にしたがうとき,この逆も成り立つこと,すなわち

$$\text{任意の } x \text{ に対して } G_1(x) < G_2(x) \text{ ならば } \delta_1 < \delta_2 \qquad (7.3)$$

  を数学的に証明することもできる.

- P 値は確率変数である.確率変数の大小は,次のように P 値の分布関数で定義される.

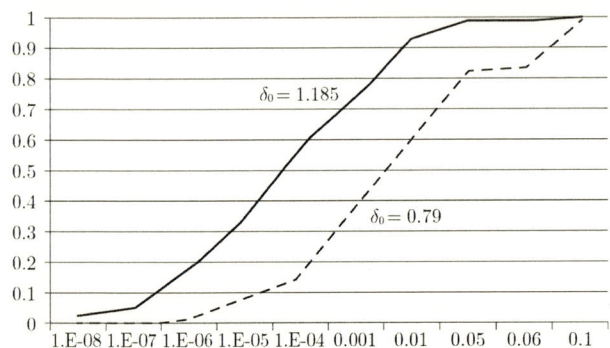

図 7.1 A: $(n=20, \delta_0=0.185)$, $(n=20, \delta_0=0.79)$ のときの P 値の分布関数

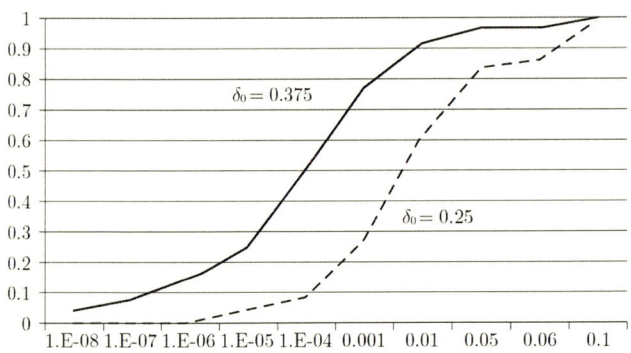

図 7.2 B: $(n=200, \delta_0=0.375)$, $(n=200, \delta_0=0.25)$ のときの P 値の分布関数

定義 7.1 二つの P 値，P_1, P_2 の分布関数が任意の x に対して

$$P(P_1 \leq x) < P(P_2 \leq x)$$

を満たすとき，P_2 は P_1 よりも **確率的に小さい** という. 　　確率的に小さい

- 「P 値が小さいほどエビデンス力が高い」を数学的に正確に表現すると「P 値が確率的に小さければ小さいほど，処置効果 $\Delta = \delta$ の値は大きくなる」と表すことができる.
- いま，P_2 が P_1 よりも確率的に小さいとき，次が成り立つ.

$$G_1(x) = P(P_1 \leq x) < P(P_2 \leq x) = G_2(x).$$

- よって，(7.3) 式より $\delta_1 < \delta_2$. よって「P 値が確率的に小さければ小さいほど，処置効果 $\Delta = \delta$ の値は大きくなる」が示された．つまり「P 値が小さいほどエビデンス力が高い」という Fisher の主張には正当性がある．

7.2 P 値はサンプルサイズが統計的根拠に基づいて決定されていない場合の推論に有効である

多くの探索的研究では，統計的根拠によらずに決定されたサンプルサイズを用いて調査や比較研究が実施される．P 値は，このような場合に統計的推論を行うためのモノサシとして有効である．本節では，シミュレーションによってこのことを明らかにする．

7.2.1 シミュレーションの手順

手順 1 サンプルサイズを n として，正規分布 N(0,1) にしたがう n 個の乱数を発生させて対照群のデータとする．同様に正規分布 N(0.50,1) にしたがう n 個の乱数を発生させて処置群のデータする[2]．

手順 2 両群のデータから帰無仮説 $H_0: \Delta = 0$ の下での P 値を算出する．

手順 3 手順 1, 2 を $n = 20, 50, 100, 200$ の場合に 100 回くり返す．

[2] 0.50 は，有意水準 5%，検出力 80%，$n = 50$ のときの $\Delta = \delta_0$ の値である（表 7.1 参照）．

このシミュレーションでは，すべての n に対して処置効果を $\Delta = 0.50$，すなわち $\delta_0 = 0.50$，としているところが，前節のシミュレーションと異なる．実際の問題では，Δ はサンプルサイズには無関係の未知の処置効果であり，本シミュレーションでは，実際の問題に即した P 値の挙動を調べるのが狙いである．なお，$\Delta = 0.50$ 以外の場合にも結果は，ほぼ同様であった．

7.2.2 シミュレーションの結果

シミュレーションの結果を，表 7.4, 7.5 に与えた．表 7.4 より，処置効果 Δ を $\delta_0 = 0.50$ に固定してサンプルサイズ n を動かすとき，次のことが分かる．

- サンプルサイズ n が増えれば，P 値の分布の平均値および中央値（50%点）は減少する．例えば，P 値の中央値は $n = 20$

表 7.4 $n = 20, 50, 100, 200$ のときの P 値の分布：$\Delta = 0.50$ に固定 (1)

	n			
	20	50	100	200
25%点	0.012	0.001	1.6×10^{-5}	2.9×10^{-8}
50%点	0.043	0.010	1.5×10^{-4}	9.4×10^{-7}
75%点	0.200	0.034	1.4×10^{-3}	2.3×10^{-5}
75%点 −25%点	0.187	0.032	1.3×10^{-3}	2.3×10^{-5}
平均値	0.120	0.043	4.7×10^{-3}	1.4×10^{-4}

表 7.5 $n = 20, 50, 100, 200$ のときの P 値の分布：$\Delta = 0.50$ に固定 (2)
度数分布表

	n							
	20		50		100		200	
P 値の区間	度数	(累積%)	度数	(累積%)	度数	(累積%)	度数	(累積%)
$0 \sim 10^{-8}$	0	(0)	0	(0)	1	(1)	17	(17)
$10^{-8} \sim 10^{-7}$	0	(0)	0	(0)	5	(6)	17	(34)
$10^{-7} \sim 10^{-6}$	0	(0)	2	(2)	4	(10)	16	(50)
$10^{-6} \sim 10^{-5}$	0	(0)	4	(6)	8	(18)	17	(67)
$10^{-5} \sim 10^{-4}$	1	(1)	7	(13)	26	(44)	19	(86)
$10^{-4} \sim 10^{-3}$	4	(5)	9	(22)	28	(72)	11	(97)
$0.001 \sim 0.01$	18	(23)	28	(50)	15	(87)	3	(100)
$0.01 \sim 0.05$	33	(56)	31	(81)	12	(99)	0	(100)
$0.05 \sim 0.10$	8	(64)	6	(87)	0	(99)	0	(100)
$0.10 \sim 1$	36	(100)	13	(100)	1	(100)	0	(100)

のとき 0.043 が $n = 200$ のとき 9.4×10^{-7} に減少する．
- サンプルサイズ n が大きくなれば，P 値のバラツキの範囲（75%点 −25%点）は減少する．例えば，バラツキの範囲は $n = 20$ のとき 0.187 であったものが $n = 200$ になれば 0.00002 に減少する．

有意水準 α で有意と判定された判定が逆転する確率

表 7.5 より有意水準 α ($\alpha = 5\%, 1\%, 0.1\%$) で有意と判定された判定が，くり返し同じ大きさのサンプルサイズのデータセットを取ったとき逆転する確率を求めることができる．逆転の確率を表 7.6 に与えた．表より，サンプルサイズ n が小さいと判定が逆転する確率は大きいが，n が大きくなれば逆転の確率は急速に小さくなることが分かる．例えば，$n = 20$ のとき有意水準 5% で有意と判定された判定が逆転する確率は 44% であるが，$n = 100$ のときはこの確率は 1%，$n = 200$ のときは 0% である．つまり，n が小さいとき P 値による判定の再現性は疑わしいが，n が大きいとき判定の再現性は

表 7.6 有意水準 α で有意と判定された判定が逆転する確率

α	n			
	20	50	100	200
5%	0.44	0.19	0.01	0
1%	0.77	0.50	0.13	0
0.1%	0.95	0.78	0.28	0.03

保証される.

7.3　P 値に基づく判定の再現性を保証するサンプルサイズ

　上に述べたことを突き詰めれば,有意水準 α で有意と判定された判定が,同じ大きさのサンプルサイズのデータセットを取ったとき再現される確率を,あらかじめ与えた値,γ_0,に指定することによって P 値の再現性を保証するサンプルサイズを求めることができる.本節では,その決定式を紹介する.

定義 7.2　有意水準 α で 対立仮説 H_1: $\Delta = \delta_0$ $(\delta_0 > 0)$ を帰無仮説 H_0: $\Delta = 0$ に対比する二標本検定の P 値が α 以下である H_1 の下での確率,すなわち

$$P(\ P \leq \alpha\ |H_1 : \Delta = \delta_0)$$

を α **再現確率**という.　　　　　　　　　　　　　　　　　α 再現確率

　いま,Neyman-Pearson 流検定のサンプルサイズ決定式の場合と同様に,医学的に意味ある最小の処置効果 δ_0 を定め,α 再現確率を γ_0 に指定する.
　くり返し得られた独立なデータセットから算出された P 値に基づく有意水準 α の判定が γ_0 以上の確率で再現されるためには

$$P(\ P \leq \alpha\ |H_1 : \Delta = \delta_0) = \gamma_0$$

を満たす n を求めればよい.
　対照群と処置群がともに正規分布にしたがうことを仮定すると上式を満たす n は,次式で与えられる.ただし Φ^{-1} は標準正規分布の逆関数である[3].

[3] Excel 関数キーの NORMSINV である.

表 7.7　$\alpha = 0.001, 0.01, 0.05, 0.10$; $\delta_0 = 0.35, 0.50$ のとき，判定の再現確率を 80%, 90%以上に保証するサンプルサイズ n

α	$\delta_0 = 0.35$		$\delta_0 = 0.50$	
	$\gamma_0 = 0.80$	$\gamma_0 = 0.90$	$\gamma_0 = 0.80$	$\gamma_0 = 0.90$
0.001	252	312	124	153
0.01	164	213	80	104
0.05	101	140	49	69
0.10	74	107	36	53

$$n = 2 \times \frac{\left(\Phi^{-1}(1-\alpha) - \Phi^{-1}(1-\gamma_0)\right)^2}{\delta_0^2} \quad (7.4)$$

表 7.7 に，$\alpha = 0.001, 0.01, 0.05, 0.10$：$\delta_0 = 0.35, 0.50$：$\gamma_0 = 0.80, 0.90$ のとき (7.4) 式より求めた n の値を与えた．

(7.4) 式は，有意水準 α，検出力 γ_0 としたときの Neyman-Pearson のサンプルサイズ決定式と一致することを示すことができる．つまり，(7.4) 式でサンプルサイズを決定しておけば，検出力 80%が保証されるばかりでなく P 値の再現性も保障されるということである．

7.3.1　P 値は，くり返しを前提にしていないかもしれない

上では，くり返し実施される 2 群比較試験を想定して P 値のバラツキをシミュレーションで評価した．P 値を提案した当初から，Fisher は P 値にはバラつきがあること，したがってたとえ P 値が非常に小さかったとしても有意差ありと断定してはいけない，対象領域において意味がある差であるかどうかを検討したうえで結論を出すべきである，と力説している．

しかしながら，Fisher は P 値をくり返し試験を前提として提案したのではないようにも思える[4]．

つまり，この与えられたデータセットには xxx という大きさの平均の差があるが，もし両群間に差がないとした場合，データのバラツキだけでこのような差が生じる確率はどれくらいか，を吟味するために Fisher は P 値というモノサシを導入した可能性も否定できない．ここでの力点は，「与えられた一組のデータセット」にある．くり返しとられることがないデータセットである．もし，そうなら Fisher と Pearson の論争は始めから同じ土俵の上になかった．Neyman-Pearson 流検定の定式化は，くり返しを前提とした頻度論的確率論に基づいて行われているからである．

[4] 提案後から死亡までの約 35 年間に Fisher の P 値に関する考えはかなり大きくバラついている．

Fisher は，ケンブリッジ大学数学科を卒業後ロンドンの近郊にあったロザムステッド農事試験場 (Rothamsted Experimental Station) の統計研究員に就職した．麦やジャガイモなどの作物について，チッソ，リン酸，カリの肥料の量を様々に組み合わせたときの収穫量のデータや品種改良試験のデータが長年にわたり蓄積され放置されていたのを，何とか生かしたいということで，雇われたのである．現代統計学の様々な革新的アイデアは，これらのデータと取り組む中で Fisher が創造した．P 値はその一つであるが，この背景を考えると P 値は与えられたデータから何が言えるか，に関わるモノサシであり，くり返しを前提としたモノサシではないようにも思える．

さらに後年（1935 年）Fisher[20] は，並べ替え検定 (Permutation Test) を提案しているが，この検定はくり返しを前提とした検定ではなく「与えられた一組のデータセット」に対する検定である．

くり返しを前提とせず「与えられたこの一組のデータから何が言えるか」に問題を絞れば「P 値が小さければ小さいほどエビデンス力が強い」という Fisher の主張は，疑いもなく正しい．

「与えられた一組のデータから何が言えるか，という研究は現代でも観察研究の一つのジャンルとしてある．次項では，このジャンルの観察研究について言及する．

7.3.2 観察研究と P 値

疫学研究や臨床的観察研究のようにランダム化や割り付けなどを行わない医学的研究のことを**観察研究**という．観察研究は，選択バイアス[5]や交絡によるバイアス[6]など様々なバイアスが生じるほか，背景因子の不釣り合いが生じるため比較可能性をいかにして確保するかが最大のポイントである．交絡因子や背景因子の影響をブロックして比較可能性を確保する方法はデータをこれらの因子で層別することである．因子の個数が多いときは傾向スコア（プロペンシティスコア）[7]を利用して層別する方法が開発されている．観察研究では，層別などによるバイアスの制御に全精力を注ぐべきである．

観察研究にも Neyman-Pearson 流の統計的検定が適用されているが，観察研究に Neyman-Pearson 流の統計的検定を適用するのをやめたほうがよい．観察研究は，くり返しを前提としない「与えられたこの一組のデータから何が言えるか」というものも多く，さらに

観察研究

[5] 柳川[21]，1.1.2 項参照．
[6] 柳川[21]，1.2.1 項参照．

[7] 柳川[21]，5.4 節参照．

多くの場合，第5章で紹介した（手順(i)）と（手順(ii)）によるサンプルサイズの設定が行われていないからである．

他方，研究結果を報告する一つの方法として，P値は各層内で研究結果を吟味するときのモノサシとして役に立つ．つまり「もし仮に両群間に差がなく，バイアスもないとしたら観測された差以上の差が偶然によって生じるチャンスはどれほどあるのか」と考える思考実験に応えてくれるからである．

このように，P値は観察研究においても有用な「推測」のためのモノサシである．一般に観察研究では，バイアスの制御のほうが第一義的に重要であるため，観察研究では，P値のほか，棒グラフや箱ひげ図などの図，あるいはグラフィカルモデリング手法を駆使して因子間の関連性を見せるなどの工夫を行って結果を提示することが重要である．

■■■ 第7章のまとめ ■■■

- Neyman-Peason 流検定のために検出力を利用して決定されたサンプルサイズを用いて実施される比較試験では，P値の分布はサンプルサイズによらず一定である．
- 統計的根拠によらずに決定されたサンプルサイズを用いて実施される比較試験では，サンプルサイズが大きくなればP値は小さくなりP値のバラツキも小さくなる．
- サンプルサイズが小さいときP値のバラツキは大きく，例えば，有意水準 5% で有意であった（P値 = 0.001）などの表現でカッコの中にP値 = 0.001 を書くことは意味を失う可能性がある．P値 = 0.05 とP値 = 0.001 はP値のバラツキの範囲内にある可能性が強いからである．
- 有意水準 α の検定で有意と判定される判定の再現性が，あらかじめ与えた確率 γ_0 以上になることを保証するサンプルサイズ決定式を与えた．このサンプルサイズ決定式で，$\alpha = 0.05$，$\gamma_0 = 0.90$ としてサンプルサイズを決定しておけば，90%の確率で統計的判定の再現性が保証される．また，上のような心配はなくなる．
- P値のバラツキの大きさと「P値が小さければ小さいほどエビデンス力が高い」という Fisher の主張とは無関係である．「P値が小さい」は，P値を確率変数としてみたときの話であるからである．

- くり返しを前提とせず「与えられたこの一組のデータから何が言えるか」に問題を絞れば「P 値が小さければ小さいほどエビデンス力が強い」という Fisher の主張は，疑いもなく正しい．

8　P値の統合：メタアナリシス

臨床試験を K 回くり返すと，バラついた値の P 値が K 個得られる．これを統合すればエビデンス力が高い結果を得ることができる．同一の臨床試験を K 回くり返すことはあり得ないが，国内国外の医療機関で類似の目的の下で実施された臨床試験の結果を統合して信頼度が高いエビデンスとすることがしばしば行われており，一般に**メタアナリシス**とよばれている．

P 値の統合の仕方には，いくつかの異なった考え方がある．本章では，各試験のデータが手に入る場合（8.3 節）と手に入らない場合（8.4 節）に分けて紹介する．

8.1　問題の提起

具体的な例を挙げて P 値の統合に関する問題の提起を行う．

スタチン系薬剤は，遠藤 章博士が世界に先駆けて発見したコレステロール合成阻害剤で，いくつかの製薬企業から異なった薬剤名で心筋梗塞と脳卒中予防薬として発売されている．Cannon ら[22] は，類似の目的で独立に実施された症例数 1000 以上の 4 つの臨床試験の結果のメタアナリシスを行った．各臨床試験で用いられたスタチン系薬剤の商品名や用量・用法は異なるが，いずれも同一の評価指標（オッズ比）を用いた標準用量と高用量のランダム化比較試験であるというところに目をつけ，各試験で算出された P 値を統合しエビデンス力を高めることを狙った研究である．

表 8.1 に，4 つのランダム化臨床試験の成績を与えた．データは，Cannon らの論文から抽出した．試験名は A, B, C, D で表して

いる．冠状動脈心疾患の発症，または急性心筋梗塞の発症があった場合をイベントあり，そうでない場合をイベントなしとしている．オッズ比は，次節で解説する．P 値は，両側 P 値である．

有意水準を 5% とするとき，試験 A，B，D は有意でなく（P 値は，それぞれ P = 0.106，P = 0.096，P = 0.069），試験 C だけが高用量を服用した患者のイベント発症率が標準用量を服用した患者のイベント発症率よりも有意に低い（P = 0.002）．試験 A，B，D の P 値は，5% より大であるが，5% から遠くは外れていない．4 つの試験の P 値を統合すれば 統合 P 値は 0.05 以下になり，統合的に高用量は標準用量よりイベント発症率を下げるというエビデンスが得られるのではないか，というのが Cannon らの研究の動機である．

表 8.1 試験 A，B，C，D のデータの要約．症例数，オッズ比，および P 値

試験	用量	イベントあり	イベントなし	n	オッズ比	P 値
A	高	147	1,952	2,099		
	標準	172	1,891	2,063	0.83	0.106
B	高	205	2,060	2,265		
	標準	235	1,997	2,232	0.85	0.096
C	高	334	4,661	4,995		
	標準	418	4,588	5,006	0.79	0.002
D	高	411	4,028	4,439		
	標準	463	3,986	4,449	0.88	0.069

8.2 必要な基礎知識

P 値の統合の仕方について述べる前に，その基礎となる重要な基礎知識を解説する．

8.2.1 オッズ比

4 つの試験では，オッズ比が評価指標として用いられている．ここでは，オッズ比の解説を行う．

英国の競馬では，各出走馬に予想屋が提示したオッズ（掛け率）という強さの指標を参考にして観客は競走馬の順位に賭ける．オッズとは，競走馬 HA がレース一着になる（勝つ）確率を P_{HA} とするとき，P_{HA} をこの馬が負ける確率 $1 - P_{HA}$ で割った値，すなわち，

$$\text{オッズ} = P_{HA} / (1 - P_{HA})$$

である．

2頭の競走馬HAとHBに対して，HAがHBに勝つ可能性の強さはHAとHBのオッズの比

$$\mathrm{OR} = \frac{P_{\mathrm{HA}}/(1-P_{\mathrm{HA}})}{P_{\mathrm{HB}}/(1-P_{\mathrm{HB}})} = \frac{P_{\mathrm{HA}}(1-P_{\mathrm{HB}})}{(1-P_{\mathrm{HA}})P_{\mathrm{HB}}}$$

で表される．ORが1より大きければ大きいほど，競走馬HAはHBより勝つ可能性が強い．

本題にもどる．いま，競走馬HAを高用量のスタチン系薬剤を服用した患者，競走馬HBを標準用量のスタチン系薬剤を服用した患者とし，「勝つ」を「イベントありの減少」と読み替えれば，

$$\mathrm{OR} = \frac{P_{\mathrm{HA}}(1-P_{\mathrm{HB}})}{(1-P_{\mathrm{HA}})P_{\mathrm{HB}}} \tag{8.1}$$

は，高用量服用患者が標準用量服用患者より，どの程度イベントありを減らすかを示すよい尺度になる．ORを，**イベント発症に関する標準用量群に対する高用量群のオッズ比**という． オッズ比

オッズ比は理論および応用の両面において様々な利点をもつことが知られるが[1]，医学的に解釈しにくいという批判がある．しかしながら，冠状動脈心疾患のように発症率が低い疾患の場合，オッズ比は近似的に医学で頻繁に用いられる尺度である

[1] 柳川[23], pp.14-21 参照．

$$両群のイベントありの割合の比 = \frac{高用量群のイベントありの割合}{標準用量群のイベントありの割合}$$

に等しい．実際，表8.1から算出すると，イベントありの割合の比は，それぞれ，0.84, 0.84, 0.79, 0.88となり表8.1で与えたオッズ比の値と実質的に等しい．

8.2.2 シンプソンのパラドクス

表8.1に与えられた試験A，B，C，Dの4つの2×2表データを要約して統合P値を求めるとき，これら4個の2×2表を合併（プール）して一つの2×2を作成し，この表からP値を算出すればよいではないか，と考える読者もいることと推察する．しかしながら，これは，次の例のような間違った結果を導く可能性がある．

例8.1 比較試験（併用療法 vs. 単独療法）
　表8.2は，患者の重症度で分類したときの単独療法と併用療法の

比較試験の結果を与えた3個の2×2表である．改善の割合は，重症度によらず併用療法の方が高いことが分かる．

これに対して表8.3は，重症度を無視して3個の2×2表をプールして得られる一個の2×2表である．表より単独療法の改善の割合の方が併用療法の改善の割合より大きいことが分かる．表8.2の結果とは逆転した結果である[2]．

表のプールに関して生じるこのような逆転（矛盾）は，E. H. Simpson (1951) が初めて見つけたことから**シンプソンのパラドクス**とよばれる．

[2] 逆転の理由に興味がある読者は柳川[21], pp.12–14 を参照されたい．

表 8.2 併用療法の方が単独療法より改善割合が高い

患者の重症度	治療法	改善	非改善	計
重	単独療法	2 (5%)	38 (95%)	40
	併用療法	10 (10%)	90 (90%)	100
中	単独療法	24 (40%)	36 (60%)	60
	併用療法	36 (60%)	24 (40%)	60
軽	単独療法	90 (90%)	10 (10%)	100
	併用療法	38 (95%)	2 (5%)	40

表 8.3 表 8.2 において重症度をプールした 2×2 表

治療法	改善	非改善	計
単独療法	116 (58%)	84 (42%)	200
併用療法	84 (42%)	116 (58%)	200

8.2.3 Mantel-Haenszel 法

シンプソンのパラドクスの危険があるため，複数の分割表の単純なプールは絶対に行ってはならない．シンプソンのパラドクスの危険を避ける方法として Mantel-Henszal[24] は，Mantel-Haenszel 法とよばれる方法を開発した．以下では Mantel-Haenszel 法の紹介を行う．

因子 E（治療法）と因子 D（改善）の因果関係を調べるのが目的であるとする．この因果関係に影響を与える第3の因子（重症度）のことを**交絡因子**という．

Mantel-Haenszel は，交絡因子でデータを層別すると交絡因子の影響が消去できること，さらに，各層で2×2表を作成してオッズ比を求めると，各層のオッズ比が層間で均一に近いことに注目して，

各層で均一な**共通オッズ比**（記号 ψ で表す）という概念を導入して，　共通オッズ比

$$\text{帰無仮説 } H_0 : \psi = 1, \quad \text{対立仮説 } H_1^{\pm} : \psi \neq 1$$

を検定する検定法を開発した．この検定法は **Mantel-Haenszel 検**　Mantel-Haenszel 検
定とよばれる．　　　　　　　　　　　　　　　　　　　　　　　　　　定

さらに，彼らは共通オッズ比 ψ の推定法を開発した．この推定量
は **Mantel-Haenszel 推定量**とよばれる．　　　　　　　　　Mantel-Haenszel 推
　　　　　　　　　　　　　　　　　　　　　　　　　　　　　　　定量

Mantel-Haenszel 検定から P 値を求めると，シンプソンのパラドクスに心配不要な統合 P 値を求めることができる．また，Mantel-Haenszel 推定量からシンプソンのパラドクスに心配不要な統合オッズ比を求めることができる．

層 l の 2×2 表のデータを表 8.4 で与えた記号で表す．このとき Mantel-Haenszel 検定の検定統計量は，次式で与えられる．

$$\chi^2_{MH} = \frac{[\sum_{l=1}^{L} X_{l11} - \sum_{l=1}^{L}(n_{l1}X_{l.1}/N_l)]^2}{\sum_{l=1}^{L}\{n_{l1}n_{l2}X_{l.1}X_{l.2}/[N_l^2(N_l-1)]\}}, \quad (8.2)$$

ただし L は層の総数である．χ^2_{MH} は帰無仮説 H_0 の下で近似的に自由度 1 のカイ二乗分布にしたがう．

また，Mantel-Haenszel 推定量は，次式で与えられる．

$$\hat{\psi} = \left(\sum_{l=1}^{L} \frac{X_{l11}X_{l22}}{N_l}\right) \Big/ \left(\sum_{l=1}^{L} \frac{X_{l12}X_{l21}}{N_l}\right).$$

表 8.4　層 l の 2×2 表

l 層	改善	非改善	計
A 群	X_{l11}	X_{l12}	n_{l1}
B 群	X_{l21}	X_{l22}	n_{l2}
計	$X_{l.1}$	$X_{l.2}$	N_l

8.3　統合 P 値: 各試験のデータが手に入る場合

表 8.1 から統合 P 値を求める

表 8.1 には，4 つのランダム化臨床試験から得られたデータが，それぞれ 2×2 表に整理されている．これら 4 個の臨床試験を 4 個の

層とみなして,各層の 2×2 表に Mantel-Haenszel 検定を適用して,統合 P 値を求める.

まず,統計量 χ^2_{MH} を算出する.(8.2) 式より

$$\chi^2_{MH} \text{の分子} = \left(\left(147 - \frac{2099 \times 319}{4162}\right) + \cdots + \left(411 - \frac{4439 \times 4449}{8888}\right)\right)^2$$
$$= 9523.6,$$
$$\text{分母} = \frac{319 \times 3843 \times 2099 \times 2063}{4162^2 \times 4161} + \cdots + \frac{874 \times 8014 \times 4439 \times 4449}{8888^2 \times 8887}$$
$$= 542.43$$

より $\chi^2_{MH} = 17.557$ を得る.

χ^2_{MH} は,帰無仮説 H_0 の下で自由度 1 のカイ二乗分布にしたがうので,例えば Excel を利用すると,統合 P 値 = 0.00003 を得る.よって,有意水準 5% で対立仮説 $H_1^{\pm}: \psi \neq 1$ が採択される(統合 P 値 = 0.00003).

ψ の推定値は,上の Mantel-Haenszel 推定量の式より

$$\text{分子} = \frac{147 * 1891}{4162} + \frac{205 * 1997}{4497} + \cdots + \frac{411 * 3986}{8888} = 495.37,$$
$$\text{分母} = \frac{172 * 1952}{4162} + \frac{235 * 2060}{4497} + \cdots + \frac{463 * 4028}{8888} = 592.96.$$

よって,共通オッズ比の Mantel-Haenszel 推定量の値は

$$\hat{\psi} = \frac{495.37}{592.96} = 0.84.$$

この推定値は 1 より 16 ポイント小である.

以上より,4 つの比較試験を統合した結果,高用量のスタチン系薬剤の服用は標準用量の服用と比べてイベントありの割合を約 16 ポイント有意に減少させる(統合 P 値 = 0.00003)」と結論づけることができる.

この例では,各試験の P 値と比べて統合 P 値はケタ違いに小さい.これは各試験のデータが手に入り,総合計 $(4162 + 4497 + 10001 + 8888) = 27,548$ のサンプルサイズから得られた統合 P 値であることを考えれば妥当である.

次節で,各試験のデータは手に入らず P 値だけしか利用できない場合の統合 P 値を紹介する.

8.4　P値の統合：各試験のデータが手に入らない場合

同一と見なすことができる処置法について K 個の比較試験が実施されており、各比較試験のデータは得られないが[3]，各試験では、両側対立仮説 $H_1^{\pm}: \Delta \neq 0$ に帰無仮説 $H_0: \Delta = 0$ を対比する検定の両側 P 値は報告されている場合について考える．

各試験の P 値を統合して、統合 P 値を求める方法がいくつか提案されている．本節では、この中で代表的な二つの方法をとり上げ、その方法を紹介するとともに、このときの統合 P 値が何を意味するかについて考える．

[3] 今日，データの公開が原則とされているが医系の臨床試験では患者のデータがとりあつかわれるため、プライバシー保護の観点からデータが入手できない場合も多い．

8.4.1　H_0 の下での P 値の分布

P 値はデータの関数であり、データごとにバラつく．右側 P 値、すなわち右側対立仮説 $H_1^+: \Delta > 0$ を $H_0: \Delta = 0$ に対比させる場合の（片側）P 値の分布について、次の定理が成り立つ．

定理 8.1　(1) P 値は、帰無仮説 H_0 の下で区間 $(0,1)$ 上の一様分布にしたがう．

(2) Φ を平均 0、分散 1 の標準正規分布の分布関数とし、Φ^{-1} をその逆関数とする．このとき、P 値を Φ^{-1} で変換した $\Phi^{-1}(P)$ は帰無仮説 H_0 の下で標準正規分布にしたがう．

(3) P 値を $-2\log(P)$ と変換する[4]と $-2\log(P)$ は、帰無仮説 H_0 の下で自由度 2 のカイ二乗分布にしたがう．

[4] $\log(P) = \log_e(P)$ のことである

証明．(1) 右側 P 値について証明する．右側 P 値は、2 標本問題や 1 標本問題、pre-post デザインなどに応じて異なった数式で表されるが、いずれの場合も、Z を標準正規分布にしたがう確率変数として、データを代入して算出した Z の値を z_o とすると、右側 P 値の分布関数は

$$P(Z \leq z_o) = 1 - \Phi(z_o)$$

と表すことができる．z_o は Z の観測値であるから z_o を確率変数とみなすとき Z とあらわすと、H_0 の下で P 値の分布関数は、

$$P(P \leq t) = P\left(1 - \Phi(Z) \leq t\right) = P\left(\Phi(Z) > 1 - t\right)$$

$$= P\left(Z > \Phi^{-1}(1-t)\right) = 1 - \Phi\left(\Phi^{-1}(1-t)\right)$$
$$= 1 - (1-t) = t.$$

これは区間 $(0,1)$ 上の一様分布の分布関数である．よって，H_0 の下で，P 値は区間 $(0,1)$ 上の一様分布にしたがう．左側 P 値の場合にも同様に証明することができる．

(2) (1) より，H_0 の下で $P(\Phi^{-1}(P) \leq t) = P(P \leq \Phi(t)) = \Phi(t)$.

(3) H_0 の下で $P(-2\log P \leq t) = P(\log P \geq -t/2) = P(P \geq e^{-t/2}) = 1 - P(P < e^{-t/2}) = 1 - e^{-t/2}$. これは，自由度 2 のカイ二乗分布の分布関数である． （証明おわり）

8.4.2　Fisher の方法による P 値の統合

K 個の比較試験で与えられた右側 P 値を $P_1, P_2, \ldots, P_K$ とする．$-2\log P_i$ が自由度 2 のカイ二乗分布にしたがう（定理 8.1(3)）ことを利用する P 値の統合は，R. A. Fisher が開発した[1] ことから広く **Fisher の方法**として知られている．本項では Fisher の方法による P 値の統合について解説をおこなう．　　**Fisher の方法**

各 P_i を $-2\log P_i$ に変換して $i = 1, 2, \ldots, K$ について加えた統計量を

$$T_F = -2\log P_1 - 2\log P_2 - \cdots - 2\log P_K$$

とおく．各試験で与えられた右側 P 値を代入して算出した T の値を t_o とおく．このとき，K 個の比較試験から得られる統合 P 値は，次式で定義される．

$$統合 P 値 = P(T \geq t_o \mid H_0).$$

さて，定理 8.1 (3) より，$-2\log P_i$ は H_0 の下で自由度 2 のカイ二乗分布にしたがう．カイ二乗分布の再生性[5]により，T_F は，H_0 の下で自由度 $2K$ のカイ二乗分布にしたがう．したがって，Excel 等で $P(T \geq t_o)$ の確率を算出すれば，統合 P 値が求まる．

[5] 柳川[18], p.37. 定理 3.6 参照．

両側 P 値から片側 P 値の算出

ただし，上述の統合 P 値は，個々の試験の右側 P 値を統合した片側統合 P 値である．右側 P 値は，処置効果 Δ に関する対立仮説が $H_1^+: \Delta > 0$ の場合を想定した時の P 値である．つまり，処置が

$\Delta < 0$ を引き起こすことがないという事前情報がある場合の P 値である．これに対して，個々の試験で報告されている P 値は，両側 P 値の場合が多い．両側 P 値は，対立仮説 $H_1^\pm: \Delta \neq 0$ を想定している．実際には $\Delta > 0$ が想定できるが，安全性を重んじるため両側 P 値を用いて結果を報告している場合と，$\Delta > 0$ が想定できないために両側 P 値を用いて結果を報告している場合の二通りの場合が考えられる．後者の場合は，報告される K 個の両側 P 値の中に対立仮説の方向性が逆になったものが入り混じっている恐れがあり，方向性を明らかにする情報を各試験結果から得る必要がある．

各試験で対立仮説の方向性が一致している場合には各試験からの両側 P 値を 1/2 倍して右側 P 値を求める．なお，左側 P 値を求める場合も同様に考えればよい．

各試験の対立仮説の方向性が一致していない場合には，対立仮説が右側の方向性をもつ両側 P 値に対しては両側 P 値を 1/2 倍して右側 P 値を求める．対立仮説が左側の方向性をもつ両側 P 値に対しては「右側 P 値 = 1−(両側 P 値/2)」として右側 P 値を求める．

例 8.2 Fisher の統合 P 値の求め方

表 8.1 で与えられた Cannon らの論文から抽出した 4 個の臨床試験 A, B, C, D について，P 値しか与えられていないと想定して統合 P 値を算出する．4 個の試験で与えられた P 値は，それぞれ

$$0.106, \quad 0.096, \quad 0.002, \quad 0.069$$

であった．オッズ比を見ればいずれも 1 よりも小さく，対立仮説の方向性は一致していることが示唆されるので，片側 P 値は，それぞれを 1/2 倍した 0.053, 0.048, 0.001, 00345 で与えられる．これらの値を代入して T_F を算出すると t_0 は，次のように与えられる．

$$t_0 = -2\log(0.053) - 2\log(0.048) - \cdots - 2\log(0.0345) = 32.50$$

$K = 4$ であるから T_F がしたがうカイ二乗分布の自由度 = 8 となり $P(T_F \geq 32.5) = 0.00008$，したがって両側統合 P 値 = $2 \times 0.00008 \approx 0.0002$ を得る．

上の例で，もし仮に試験 D のオッズ比が 1 より大きく，対立仮説の方向性が試験 A, B, C とは逆であったとすると，試験 D の片

側 P 値 = $1 - (0.069/2) = 0.9655$ として上と同様な計算をすればよい.

8.4.3　Stouffer の方法による P 値の統合

$\Phi^{-1}(P)$ を **P 値の逆正規変換**という. K 個の比較試験で与えられた右側 P 値を $P_1, P_2, \ldots, P_K$ とする. P_i を逆正規変換して $i = 1, 2, \ldots, K$ について加えた統計量を

$$T = \Phi^{-1}(P_1) + \Phi^{-1}(P_2) + \cdots + \Phi^{-1}(P_K) \qquad (8.3)$$

逆正規変換

とおき, 各試験で与えられた右側 P 値を代入して算出した T の値を t_o とおく. このとき, K 個の比較試験から得られる統合 P 値は, 次式で定義される. この統合 P 値は, Stoufferら[25]によって提案されたことから **Stouffer の統合 P 値**とよばれる.

Stouffer の統合 P 値

$$統合 P 値 = P(T < t_o \mid H_0).$$

いま, 定理 8.1 (2) より

$$\frac{1}{\sqrt{K}} T = \frac{1}{\sqrt{K}} \left(\Phi^{-1}(P_1) + \Phi^{-1}(P_2) + \cdots + \Phi^{-1}(P_K) \right)$$

は帰無仮説 H_0 の下で平均 0, 分散 1 の標準正規分布にしたがうから, 統合 P 値は, 具体的に次式で与えられる.

$$統合 P 値 = \Phi(t_o/\sqrt{K}). \qquad (8.4)$$

上式は, 各試験から右側 P 値が与えられた場合の統合 P 値である. しかしながら, 多くの場合, 各試験で算出された P 値は両側対立仮説 $H_1^{\pm}$ を想定した両側 P 値である. この時は, 前節で紹介した方法で両側 P 値から片側 P 値を求め, (8.4) 式から統合 P 値を算出する. 算出された統合 P 値を 2 倍して両側統合 P 値とする.

例 8.3　Stouffer の統合 P 値の求め方

表 8.1 で与えられた Cannon らの論文から抽出した 4 個の臨床試験 A, B, C, D について, P 値しか与えられていないと想定して統合 P 値を算出する. なお, 4 個の試験で与えられた P 値は, それぞれ

$$0.106, \quad 0.096, \quad 0.002, \quad 0.069$$

であった．また，対立仮説の方向性は 4 つの試験で一致しており，片側 P 値は 0.053, 0.048, 0.001, 0.0345 で与えられた．(8.3) 式から T を算出すると t_0 は，次のように与えられる．ただし，$\Phi^{-1}(\cdot)$ は Excel の関数キイ NORMSINV を使用して算出できる．

$$t_0 = \Phi^{-1}(0.053) + \Phi^{-1}(0.048) + \cdots + \Phi^{-1}(0.0345) = -8.19$$

よって (8.4) 式から統合 P 値 = 0.00002 を得，最終的に両側統合 P 値 = 0.00004 を得る．

8.4.4 統合 P 値の意味

各試験のデータに Mantel-Haenszel 検定を適用した場合の統合 P 値 = 0.00003 であった．これは共通オッズ比を ψ としたとき

帰無仮説 $H_0 : \psi = 1$ vs 対立仮説 $H_1^{\pm} : \psi \neq 1$

に対する検定の P 値である．さらに，Mantel-Haenszel 推定量の値を算出したところ $\psi = 0.86 < 1$ であったことから，総合的に有意水準 0.01 以下で $\psi < 1$ と判定した．つまり，各比較試験に共通した共通オッズ比 ψ が 1 未満である，ということは，すべての比較試験を統合 P 値で要約したところ処置効果があった (P = 0.00003) と結論づけることができる．ここでの統合 P 値は，このように文字通りの統合を意味する．

これに対して，Fisher や Stouffer の方法から得られる「統合 P 値」は，各試験のサンプルサイズを全く考慮せずに与えられた $P_1, P_2, \ldots, P_K$ だけに基づいた「統合 P 値」でしかない．さらに，次に述べるようにその意味は Mantel-Haenszel 検定で求めた統合 P 値の意味とは全く異なっている．

Fisher と Stouffer の方法から算出される「統合 P 値」の本質は，データ $P_1, P_2, \ldots, P_K$ が与えられたとき，

H_0 : K 個すべての試験で処置効果がない

という帰無仮説に，これを否定する対立仮説

H_1 : K 個の試験の中に少なくとも 1 個処置効果が
    あるものがある

を対比する検定のP値に他ならない．

　得られた「統合P値 = 0.0002，あるいは 0.00004」は，有意水準5%で帰無仮説が棄却され対立仮説が採択されることを示すが，このとき言えることは「K個の試験の中に少なくとも1個有意な処置効果があるものがある」ということにすぎない．

　「K個の試験の中に少なくとも1個有意な処置効果があるものがある」ことが分かっても有難くない．K個の試験の結果の統合という目的に応えていないからである．Fisherの方法，およびStoufferの方法からから算出される「統合P値」は，本来の目的とは異なる意味しかもたない統合P値である．

Fisherの方法，Stoufferの方法から算出される「統合P値」の効用

　それにもかかわらず，Fisherの方法，Stoufferの方法が存在するのには，次のような理由があるからである．いま，処置を副作用でおきかえてみる．このとき帰無仮説と対立仮説は，次のように表される．

　　帰無仮説　H_0：K個すべての試験で副作用がない
　　対立仮説　H_1：K個の試験の中に少なくとも1個副作用
　　　　　　　　　　があるものがある

　この帰無仮説と対立仮説ならば検定の意義がある．重篤な副作用があることを示す試験が少なくとも1個以上あれば，この薬剤は危ないと言えるからである．しかも単一の薬剤の比較試験ではサンプルサイズが限られているため副作用は検出できないことが多く，類似の複数の臨床試験のデータを統合して検出したいという現実的な要請がある．このような状況において，Fisherの方法，Stoufferの方法による「統合P値」は多大な意義がある．

注意 8.1　上では明確に断らなかったが，Fisherの方法，Stoufferの方法が対象とするK個の試験は互いに独立でなければならない．

■■■ **第8章のまとめ** ■■■

- 信頼度が高いエビデンスを得るため，国内国外の医療機関で類似の目的の下で実施された臨床試験から得られるP値を統合することがしばしば行われているが，統合の仕方によって「統合P値」

の意味が異なる．
- Mantel-Haenszel 法による「統合 P 値」は，文字通りの統合 P 値である．しかし，この方法が適用できるためには個々の試験の成績を示すデータが必要である．
- 他方，Fisher の方法，Stouffer の方法から算出される「統合 P 値」は

    H_0 ： K 個すべての試験で処置効果がない
    H_1 ： K 個の試験の中に少なくとも 1 個処置効果が
    あるものがある

に対する検定の P 値であり，帰無仮説が有意に棄却されたとき言えることは「K 個の試験の中に少なくとも 1 個処置効果があるものがあるということである」．こんなことしか言えない「統合 P 値」は，有難くない．
- しかし，処置効果を副作用にいいかえれば「少なくとも 1 個副作用があるものがある」という結果は（副作用の種類や重篤度にもよるが）薬剤の使用中止に関わる極めて重要な知見となり，Fisher の方法，および Stouffer の方法から算出される「統合 P 値」は価値がある統合 P 値である．

9 検定の多重性調整 P 値

　一つの研究の中で，異なった対象に対して統計的検定をくり返し適用して，その結果が報告される場合がある．また，一つの比較試験の中で複数の主要評価項目が設定され統計的検定がくり返し適用されて報告される場合もある．このように，統計的検定がくり返し適用されるとき，検定の多重性の問題が生じる．Neyman-Pearson 流の検定の場合，このような場合，多重性の調整が行われる．P 値に基づく Fisher 流の検定の場合，P 値の多重性調整はどのように行えばよいのであろうか．本節では，まず Neyman-Pearson 流検定の多重性の調整の考え方を紹介し，次に多重性調整 P 値の考え方，および求め方を紹介する．

9.1　検定の多重性

9.1.1　検定の多重性の例：ゲノムワイド関連研究

　一つの研究の中で，異なった対象に対して統計的検定がくり返し適用される一つの典型にゲノムワイド関連研究（略称 **GWAS**）(Genome-Wide-Association Study) とよばれている研究がある．以下では，GWAS を例として取り上げて Neyman-Pearson 流検定の多重性の考え方，および多重性調整の仕方を紹介する．

　GWAS では，例えば，SNP[1]とよばれるヒトの DNA 配列の中で個々の違いの位置情報を表すマーカーを用いて，ある疾患にかかっている人の群と正常な人の群を比較し，疾患に関連した SNP を探索する研究が行われている．近年約 50 万から 100 万個の SNP を個人ごとに同定する技術が開発されており，時には 100 万回統計的検

GWAS

[1] 1 塩基多型，single nucleotide polymorphism

定をくり返し適用して疾患に関連したSNPを検出する試みが流行している．

有意水準5%の統計的検定を100万回くり返し適用して検出されたSNPを，この研究で得られた研究成果として発表するとする．このとき，真には疾患と関連していないにもかかわらず，誤った結果が発表される確率を求めてみよう．

9.1.2 数学的準備

まず，確率を求めるための数学的準備を行う．

一般に K 個の事象 A_i, $i = 1, 2, \ldots, K$ があるとき，全事象を Ω で表すと，次の関係が成り立つ．ただし A_i^C は A_i の余事象である．

$$\Omega = \left(\cap_{i=1}^{K} A_i\right) \cup \left(\cap_{i=1}^{K} A_i\right)^C.$$

いま，ド・モルガンの法則から[2]

[2] 柳川[18], p.2 参照．

$$\left(\cap_{i=1}^{K} A_i\right)^C = \cup_{i=1}^{K} A_i^C.$$

よって，次式が成り立つ．

$$P\left(\cup_{i=1}^{K} A_i^C\right) = 1 - P\left(\cap_{i=1}^{K} A_i\right).$$

特に事象 $A_1, A_2, \ldots, A_K$ が互いに独立のときは

$$P\left(\cup_{i=1}^{K} A_i^C\right) = 1 - \prod_{i=1}^{K} P(A_i). \tag{9.1}$$

9.1.3 FWE

本題にもどる．i 番目のSNPに適用される検定統計量を T_i として $T_i \geq C_0$ のとき，このSNPは疾患と関連性があると判定されるとする．ただし C_0 は有意水準5%を満たす定数，すなわち

$$P(T_i \geq C_0 | H_0) = 0.05$$

である．

いま，事象 A_i を

$$A_i = \{T_i < C_0\}$$

とおくと，K 個のSNPのうち少なくとも1個が疾患と関連性あり

と判定される事象は $\cup_{i=1}^{K} A_i^C$ と表されるから，真には疾患と関連していない SNP が少なくとも一つ，間違って関連ありと判定される確率は A_i が互いに独立と仮定すれば (9.1) 式より，

$$P\left(\cup_{i=1}^{K} A_i^C\right) = 1 - \prod_{k=1}^{K}\left(1 - P(A_k^C|H_0)\right)$$
$$= 1 - (1 - 0.05)^K.$$

である．$K = 10^6$ であるから，この確率は限りなく 1 に近い[3]．実際には，100 万個の SNP が互いに独立なんてことはあり得ないが，このことを考慮して修正を行っても，事情はほとんど不変である．

[3] Excel で算出すると 1.000000.

つまり，有意水準 5% の統計的検定を 100 万回くり返し適用すると，真には疾患と関連性をもたないのに，少なくとも一つの SNP が間違って関連性ありと判定される確率は限りなく 1 に近い．

$K = 1$ の場合の通常の仮説検定では，真には関連性がないのに，間違って関連性ありと判定される確率（第一種の過誤の確率）は，有意水準（通常 5%）以下に抑えられることを考えれば，この間違いの確率は大きすぎて受け入れられない．

定義 9.1 (FWE: Familywise Error)

統計的検定を K 回くり返し適用するとき，少なくとも一つの判定で間違いをおかす誤りを **FWE** (Family-Wise Error) という．K 個の検定をワンセットとして family（家族）と考えることに起因する命名である．

FWE

一般に，有意水準検定 α の検定をくり返し適用すると，上で見たような FWE の確率の過大化が起こる．この過大化のことを **検定の多重性による FWE の確率の過大化** という．

FWE 確率の過大化

9.1.4 Neyman-Pearson 流検定の多重性の調整

検定の多重性の調整

Neyman-Pearson 流検定では，検定の多重性による FWE の確率の過大化を避けるためには，さまざまな多重性調整法が開発されている．いずれの方法も考え方は同じで，定数 α_o を適当に定めておき[4] FWE の確率を α_o 以下におさえるよう個々の検定の C_0 を調整する．この調整を **検定の多重性の調整** という．

[4] 通常 5%，または 1% に定められる．

以上述べたことを数式を使って表せば，次のようになる．H_0 を

$$H_0 : \Delta_1 = \Delta_2 = \cdots = \Delta_K = 0,$$

として，α_o をあらかじめ定めた FWE の確率とする．このとき

$$FWE \text{ の確率} = P\left(\cup_{i=1}^{K}\{T_i \geq C_0\}|H_0\right) \leq \alpha_0 \quad (9.2)$$

をみたす C_0 を求めよ．

9.1.5 ボンフェロニ多重性調整

ボンフェロニ (Bonferroni) 不等式とよばれている，次のような不等式がある．

$$P\left(\cup_{k=1}^{K} B_k\right) \leq \sum_{k=1}^{K} P(B_k). \quad (9.3)$$

この不等式を適用すれば，(9.2) 式をみたす C_0 は

$$P(T_1 \geq C_0 \mid H_0) = \alpha_o/K \quad (9.4)$$

を満たすように定めればよいことが分かる．なぜなら，(9.3) 式で $B_k = \{T_i \geq C_0\}$ とおけばよいからである．(9.4) 式で C_0 を定める調整をボンフェロニ多重性調整という． ボンフェロニ多重性調整

ボンフェロニ多重性調整では，ボンフェロニ不等式の不等号がかなり荒っぽいため，上限 α_o と P(FWE) 間にかなり大きな差が生じる．このため，この差を小さくする様々な改良などが行われているが（松井[26]，Wright[27]）本論からそれるのでその紹介は割愛する．

表 9.1 に，$\alpha_o = 0.05$，および $K = 1, 10, \ldots, 10^6$ のとき (9.4) 式から求めた C_0 の値を与えた．

表 9.1 $\alpha_o = 0.05$ のとき (9.4) 式を満たす C_0

K	1	10	100	10^3	10^4	10^5	10^6
C_0	1.64	2.58	3.29	3.89	4.42	4.89	5.33

GWAS は，ボンフェロニ法による多重性調整を行ったうえで Neyman-Pearson 流の統計的検定が適用される．すなわち，$\alpha_o = 0.05$ とおかれており，100 万回検定がくり返されるので SNP が疾患と関連しているかどうかの個々の検定の有意水準は

$$0.05/10^6 = 5.0 \times 10^{-8}$$

であること，棄却点は表 9.1 より $C_0 = 5.33$ である．したがって

GWAS では，真には関係ない SNP が誤って関係ありと判定される回数の期待値は

$$(0.05/10^6) \times 10^6 = 0.05$$

回である．この期待値は，いかにも小さい．

9.1.6 GWAS に適用された多重性調整は妥当ではない

　検定の多重性について説明するため GWAS をとり上げたが，よい例であったとはいえないかも知れない．GWAS の検定は，処置効果などの検定を目的としているのではなく，疾患と関連しているかもしれない SNP をスクリーニングすることが目的とされているからである．この目的のためには多重性の調整を行った統計的検定を適用するのは望ましいことではなく，他のパラダイムの下で関連遺伝子の探索を行うべきと考える．若干よこ道にそれるが以下では，2 点をあげてその理由を述べておく．

　第一点は，第 5 章の 5.3 節で紹介した Fisher の主張のとおり「疾患と有意に関連性がある」との判定は，あくまで統計的判定にすぎず，生物学的・医学的に関係あるかどうかとは別問題である．生物学的・医学的に関係あるかどうかは，統計的判定で選択された SNP を生物学的・医学的に精査・検討したうえではじめていえることである．

　つまり，GWAS の統計的検定は，生物学的・医学的精査のため有力な候補を単にスクリーニングするだけの存在でしかないと理解すべきである．統計的検定のこの役割を理解すれば，関連性がない SNP を少なくとも一つ間違って関連性ありと間違って判定する確率を 5% に抑えることは，いかにも厳しい．せめて 50 個くらいの有力な SNP を候補としてスクリーニングしたいものである．

　第二の点は，第 6 章 6.1 節で紹介したように，統計的検定の検出力はサンプルサイズに大きく依存する．にもかかわらず，GWAS ではサンプルサイズの重要性は看過され多重性の調整だけが強調されていることである．

　多重性の調整を行って適用される個々の検定では，サンプルサイズが十分でない場合，検出力に及ぼすサンプルサイズの影響は K の増加につれて加速的に増大する．その様子を見てみよう．

　表 9.2 に，次の手順で作成した多重性の調整を行った時の個々の

表 9.2 多重性調整を行った時の検定の検出力
$\alpha(c_0) = 5.0 \times 10^{-r-2}, r = 0, 1, \ldots, 6,$
$n_0 = 400, \delta_0 = 0.198, n = n_0, n_0/4$

	n	r						
		0	1	2	3	4	5	6
(a)	400	0.80	0.59	0.31	0.14	0.053	0.018	0.0058
(b)	100	0.329	0.12	0.029	0.006	0.001	0.0002	0.00004
	(b)/(a)	0.36	0.203	0.094	0.046	0.025	0.013	0.007

検定の検出力を与えた.

手順1 まず初めに,生物学・医学的に差があると認められる最小の $\Delta = \delta_0$ の値を $\delta_0 = 0.198$ に定める[5]).

手順2 次に,$\delta_0 = 0.198$ を有意水準 5%,検出力 80% で検出するために必要なサンプルサイズ n_0 を求めておく.$n_0 = 400$ が得られた.

手順3 次に,$K = 10^r$ 回,$r = 0, 1, \ldots, 6,$ の検定のくり返しからなる多重比較を想定し,FWE を $\alpha_0 = 0.05$ に定め,ボンフェロニ調整による多重性の調整を行い,個々の検定の有意水準を $\alpha_0/K = 5.0 \times 10^{-r-2},\ r = 0, 1, \ldots, 6,$ に定める.

手順4 個々の検定の有意水準が $5.0 \times 10^{-r-2}$ のとき,$\delta_0 = 0.198$ をサンプルサイズ $n = n_0$,$n = n_0/4$ で検出するときの検出力を,$r = 0, 1, \ldots, 6$ の場合に算出する.

[5]) この値は,適当に定めた.

表9.2より,次のことが言える.

- $r = 0$ は $K = 1$,すなわち検定のくり返しがない場合である.$n = n_0 = 400$ のときの検出力は表より 0.80 で,サンプルサイズの設定どおりの値である.$r = 1$ のとき,すなわち検定を10回くり返すと,$n = n_0 = 400$ のときの検出力は 0.59 に落ちる.さらに GWAS のように 100 万回検定をくり返すと検出力は 0.0058 に落ちる.つまり,単回の検定で十分なサンプルサイズであっても,多重性調整を行った検定をくり返せば検出力はくり返しの回数が増えるにつれ大きく減少する.
- 他方 $n = n_0/4 = 100$ で検定のくり返しがないとき($K = 1$ のとき)検出力は 0.29 で,適正なサンプルサイズ($n = 400$)の検出力 (0.80) と比べると検出力が約 3/8 である.
- 検定のくり返しの個数 K が増えると検出力は低下するが,

$n = n_0/4 = 100$ のときの低下は，$n = n_0 = 400$ のときの低下に比べて加速的に急低下する（(b)/(a) の行参照）．つまり，検定のくり返し数 K が増えるにつれて，サンプルサイズが十分でないときは，その検出力に対する影響力は加速的に増大し検出力が低くなる．

9.2　多重性調整 P 値

前節では，検定の多重性について Neyman-Pearson 流検定の考え方を紹介した．本節では
第 i 回目の処置効果 Δ_i について

$$\text{帰無仮説 } \mathrm{H}_{0i} : \Delta_i = 0, \quad \text{対立仮説 } \mathrm{H}_{1i}^+ : \Delta_i > 0$$

の片側検定を K 回くり返すときの Fisher 流検定の P 値に関する多重性調整の考え方を紹介する．

9.2.1　ボンフェロニ法による多重性調整 P 値

H_{1i}^+ に H_{0i} を対比する片側検定を K 回行うとする．Neyman-Pearson 流検定のボンフェロニ多重性調整[6]では，α_o を FWE の確率に指定し，T_i を第 i 回目の検定統計量とするとき

[6] 9.1.4 項参照．

$$P(T_i > C_0 \mid H_0) = \frac{\alpha_o}{K}$$

をみたすように C_0 の値を調整した．

データから算出した第 T_i の値を t_i とおくと，第 i 回目のくり返し検定の（非調整）P 値は

$$P_i = P(T_i \geq t_i \mid H_0)$$

で与えられる．上のボンフェロニ多重性調整に準じて P_i^* を，次のように定義する．

定義 9.2

$$P_i = \frac{P_i^*}{K} \qquad (9.5)$$

と表し P_i^* をボンフェロニ法による多重性調整 P 値という．

ボンフェロニ法による多重性調整 P 値

$P_i^* = KP_i$ には，次の利点がある．

- いま，ある検定の結果 $P_i = 0.0001$ が得られたとする．有意水準が 5% に設定されていれば，$P_i = 0.0001$ は 0.05 とくらべれば，とても小さいので，この P 値は有意に小さいといえる．しかし，この P 値が，$K = 10^6$ 個の検定をくり返し適用したとき P 値なら，P 値 $= 0.0001$ は多重性の調整を行ったときの有意水準 5.0×10^{-8} よりも大きいので，有意に小さいとはいえない．P_i には，このような曖昧性がある．
- しかし，P_i^* は α_o（多くの場合 5% に設定される）より小さければ，有意，そうでなければ有意でない，とする判定の目安に使える．さらに P_i^* が小さければ小さいほどエビデンス力が高いというように，検定の多重性がない場合の従来の P 値と同じ解釈ができる．

9.2.2 ボンフェロニ法による多重性調整 P 値：全対比較の場合

K 個の群があるとき，二組の群の組合せの総数は $\binom{K}{2} = K(K-1)/2$ 個ある．このすべての組合せについて 2 群比較を行う場合を**全対比較**という． 全対比較

いま，$X_{i1}, X_{i2}, \ldots, X_{in_i}$ を第 i 群のデータとして，これらが互いに独立に同一の正規分布 $N(\mu_i, \sigma^2)$ に従って分布しているとする．このとき，第 i 群と第 j 群の比較を，次の対立仮説を帰無仮説に対比する検定の問題として考える．

帰無仮説 $H_{0ij} : \mu_i = \mu_j$, 　対立仮説 $H_{1ij}^\pm : \mu_i \neq \mu_j$.

適用する検定統計量は

$$T_{ij} = \frac{(\bar{X}_i - \bar{X}_j)^2}{((1/n_i) + (1/n_j))\hat{\sigma}^2} \tag{9.6}$$

である．ただし，$\bar{X}_i$ は第 i 群の標本平均，$\hat{\sigma}^2$，および N は

$$\hat{\sigma}^2 = \frac{1}{N} \sum_{i=1}^{K} \sum_{j=1}^{n_i} (X_{ij} - \bar{X}_i)^2, \quad N = \sum_{k=1}^{K} n_k \tag{9.7}$$

である．

データから算出した T_{ij} の値を t_{ijo} とおくと，多重性を調整しない非調整 P 値

$$\text{非調整 P 値} = P_{ij} = P(T_{ij} \geq t_{ijo}|H_{0ij})$$

で与えられる.

よって，全対比較の場合，ボンフェロニ法による多重性調整 P 値は，この P_{ij} を用いて，次式で与えられる．

$$P_{ij}^* = K(K-1)P_{ij}/2.$$

いま，T_{ij} は，$H_{0ij}: \mu_i = \mu_j$ の下で自由度対 $[1, N-K]$ の F 分布にしたがうことから[7]，P_{ij} の値は，Excel などを用いて容易に求めることができる．したがって，P_{ij}^* は上の式から簡単に算出することができる．

[7] 自由度 $(K-1)$ の t 分布にしたがう統計量の 2 乗は，自由度対 $[1, N-K]$ の F 分布にしたがう．

例 9.1 ボンフェロニ法による調整 P 値: 全対比較

$K=4$, $n_1 = n_2 = n_3 = n_4 = 5$ とする．また，データから算出した $\bar{X}_i$, $i=1,2,\ldots,4$, および $\hat{\sigma}^2$ の値が，表 9.3 で与えられているとする．多重性調整 P 値を求めよう．

表 9.3 $\bar{X}_i$, $i=1,2,\ldots,4$, および $\hat{\sigma}^2$ の値

	群 1	群 2	群 3	群 4
平均 ($\bar{X}_i$)	50	51	55	59
$\hat{\sigma}^2$		16.5		

群 1 と群 2 の比較の多重性調整 P 値を求める．$N = 5 \times 4 = 20$. よって $N-K=16$. (9.6) 式，および表 9.3 より $t_{12o} = 1/(2/5 \times 16.5) = 0.152$. よって，自由度対 $[1,16]$ の F 分布の累積確率は $F_{[1,16]}(0.152) = 0.298$[8] よって，非調整 P 値：$P_{12} = 1 - 0.298 = 0.702$ を得，これより多重性調整 P 値：$P_{12}^* = 6 \times 0.702 = 4.21$ を得る．ボンフェロニの多重性調整 P 値は，このように 1 を超える場合がある．このときは，1 におきかえておく．

[8] Excel の関数キーの中の F.DIST を使用して算出できる．

他の場合も同様にして多重性調整 P 値を求め表 9.4 の対角線の右上 3 角部分に与えた．なお，参考までに非多重性調整 P 値を表 9.4 の左下 3 角部分に与えた．

表では，1 を超える多重性調整 P 値を 1 とおきかえている．例えば，群 1 と群 2 の比較の多重性調整 P 値 $= 4.21$ を 1 におきかえている．おきかえても本質的な影響はない．

しかし，このおきかえが気になる読者は，次節で述べるホルム法

(Wholm[28]) の適用を勧めたい．ホルム法はボンフェロニ法の改良版であって，多重性調整 P 値が 1 を超えることはない．

表9.4 より，第 1 群と第 4 群間（調整 P 値 = 0.018）と第 2 群と第 4 群間（調整 P 値 = 0.042）に有意水準 5% で有意な差があること，他の組合せ間には有意な差はない．この結果は，非調整 P 値による結果と同じであるが，調整 P 値は非調整 P 値の 6 倍大きい．

表 9.4 ボンフェロニ法による多重性調整 P 値
(右上の 3 角部分)

	群 1	群 2	群 3	群 4
群 1		1	0.414	0.018
群 2	0.702		0.834	0.042
群 3	0.069	0.139		0.834
群 4	0.003	0.007	0.139	

左下の 3 角部分は，非調整 P 値を表す．

9.2.3 ボンフェロニ法による多重性調整 P 値：1 対 K 比較の場合

対照群と K 個の処置群が設定されており，処置群のすべてが対照群と一つひとつくり返し比較される場合を **1 対 K 比較**という．本節では，1 対 K 比較の場合の多重性調整 P 値の解説を行う．

1 対 K 比較

前節と同じ設定の下で，$i=1$ を対照群，$i=2,3,\ldots,K$ を処置群とみなす．したがって，本節のタイトルは 1 対 K 比較となっているが，以下では 1 対 $(K-1)$ 比較の場合の解説であることに注意されたい．

次の帰無仮説と対立仮説に対する検定が，$i=2,\ldots,K$ について $K-1$ 回くり返し実施される場合について考える．

帰無仮説 $\mathrm{H}_{0i}: \mu_i = \mu_1$，　対立仮説 $\mathrm{H}_{1i}^{\pm}: \mu_i \neq \mu_1$．

適用する検定統計量は，前節と同じ統計量，すなわち

$$T_{i1} = \frac{(\bar{X}_i - \bar{X}_1)^2}{((1/n_i) + (1/n_1))\hat{\sigma}^2}$$

である．ただし，$\hat{\sigma}^2$，および N は (9.7) 式で与えられている．

T_{1i} は，$\mathrm{H}_{0i}: \mu_i = \mu_1$ の下で自由度対 $[1, N-K]$ の F 分布にしたがうので，データから算出した T_{1i} の値を t_{io} とおくと，多重性を調

整しない非調整 P 値は

$$\text{非調整 P 値} = P_{1i} = P(T_{1i} \geq t_{io}|H_0)$$

で与えられる．検定は $(K-1)$ 回くり返されるので，1 対 K 比較の場合，ボンフェロニ法による多重性調整 P 値 = $(K-1)P_{1i}$ である．

例 9.2 ボンフェロニ法による多重性調整：1 対 3 比較の場合

例 7.1 において $K=1$ の場合を対照群，$K=2,3,4$ の場合を処置群とみなして調整 P 値を求めよう．$n_1 = n_2 = n_3 = n_4 = 5$ である．データから算出した $\bar{X}_i$, $i = 1, 2, \ldots, 4$，および $\hat{\sigma}^2$ の値が，表 9.3 で与えられている．次の 3 組の帰無仮説と対立仮説に対して検定が実施される．

$$\begin{cases} \text{帰無仮説 } H_{02} & \mu_2 = \mu_1 \\ \text{対立仮説 } H_{12}^{\pm} & \mu_2 \neq \mu_1, \end{cases}$$

$$\begin{cases} \text{帰無仮説 } H_{03} & \mu_3 = \mu_1 \\ \text{対立仮説 } H_{13}^{\pm} & \mu_3 \neq \mu_1, \end{cases}$$

$$\begin{cases} \text{帰無仮説 } H_{04} & \mu_4 = \mu_1 \\ \text{対立仮説 } H_{14}^{\pm} & \mu_4 \neq \mu_1, \end{cases}$$

これらの検定は例 7.1 の検定の一部であるから，表 9.4 の左下 3 角の部分より非調整 P 値は，それぞれ $P_{21} = 0.702$，$P_{31} = 0.069$，$P_{41} = 0.003$ である．よって，$K-1 = 3$ であるから多重性調整 P 値は，それぞれ

$$P_{21}^* = 3 \times 0.701 = 2.10 \to = 1, \quad P_{31}^* = 3 \times 0.069 = 0.21,$$

$$P_{41}^* = 3 \times 0.003 = 0.01$$

である．すなわち，群 4 の処置が対照群に比べ有意水準 5% で有意である．なお，H_{02} vs. $H_{12}^{\pm}$ の調整 P 値は 2.10 と算出され，1 よりも大きいが，上に述べた理由で 1 におきかえる．

上の例で明らかなように，3 回の検定のくり返しはいずれも同一の対照群に対立仮説を対比させており，それぞれのくり返し検定の間にはかなり強い相関がある．ボンフェロニ法による多重性の調整は，検定間に強い相関があってもビクともしないという特徴があり，しかも離散型データの検定にも起用できるという汎用性がある上，

簡便である．これらの汎用性と簡便性を生かした上でボンフェロニ法を改良するいくつかの多重性調整法が提案されている．次節ではその中の一つであるホルム法 (Wholm[28]) を紹介する．

9.3 ホルム法による多重性調整 P 値

ホルム (Wholm[28]) は，ボンフェロニ法を，次の手順に示されるように改良した．これを**ホルム法**という．

手順 1 くり返し検定される検定の回数 K を定め，K 回の検定で生じる FWE の確率に対して有意水準 α_o を定める[9]．

[9] 通常 5%，または 1% に定められる．

手順 2 第 j 番目の帰無仮説を H_{0j}，対立仮説を H_{1j} として H_{0j} vs. H_{1j} に適用される検定統計量を T_j とする．データを代入して T_j を求め，その値を t_{oj} とおく．

手順 3 非調整 P 値

$$P_j = P(T_j \geq t_{oj} \mid H_{0j})$$

をすべての $j = 1, 2, \ldots, K$ に対して求め，$P_1, P_2, \ldots, P_K$ を小さい方から大きさの順に並べる．それを $P^{(1)} < P^{(2)} < \cdots < P^{(K)}$ とおく．このとき，$P^{(j)}$ に対応する帰無仮説を $H_0^{(j)}$，対立仮説を $H_1^{(j)}$ で表す．

手順 4 $P_j^* = (K - j + 1)P^{(j)}, (j = 1, 2, \ldots, K),$ を求める．P_j^* を**ホルム法による多重性調整 P 値**という．

ホルム法による多重性調整 P 値

手順 5 手順 1 で定めた FWE の確率に対する有意水準 α_o と $P_1^*, P_2^*, \ldots, P_K^*$ を小さい方から大きさの順に並べる．いま

$$P_1^* < P_2^* < \cdots < P_{j_0}^* < \alpha_o < P_{j_0+1}^* < \cdots < P_K^*$$

であったとする．このとき

$$\begin{cases} H_0^{(1)}, H_0^{(2)}, \ldots H_0^{(j_0)} \text{を棄却して対立仮説 } H_1^{(1)}, H_1^{(2)}, \ldots H_1^{(j_0)} \text{を} \\ \text{採択する}; H_0^{(j_0+1)}, H_0^{(j_0+2)}, \ldots H_0^{(K)} \text{は棄却しない[10]}. \end{cases}$$

[10] 棄却しないは，棄却するだけの証拠はないという意味で，採択することを意味するものではない．

例 9.3 ホルム法による多重性調整

例 7.1 の全対比較の場合にホルム法による調整 P 値を求めよう．$n_1 = n_2 = n_3 = n_4 = 5$ である．データから算出した $\bar{X}_i$，$i = 1, 2$

, ..., 4, および $\hat{\sigma}^2$ の値が,表 9.3 で与えられている.また,非調整 P 値は,表 9.4 で次のように求められている.

$$P_{12} = 0.702, \ P_{13} = 0.069, \ P_{14} = 0.003,$$
$$P_{23} = 0.139, \ P_{24} = 0.007, \ P_{34} = 0.139.$$

したがって

$$P^{(1)} = P_{14} = 0.003, \ P^{(2)} = P_{24} = 0.007, \ P^{(3)} = P_{13} = 0.069,$$
$$P^{(4)} = P^{(5)} = P_{23} \ (= P_{34}) = 0.139, \ P^{(6)} = P_{12} = 0.702,$$

および

$$H_i^{(1)} = H_{i14}, \ H_i^{(2)} = H_{i24}, \ H_i^{(3)} = H_{i13},$$
$$H_i^{(4)} = H_i^{(5)} = H_{i34}, \ H_i^{(6)} = H_{i12}, \ (i=1,2)$$

である.よって調整 P 値は

$$P_1^* = 6 \times P^{(1)} = 6 \times 0.003 = 0.018, \ P_2^* = 5 \times P^{(2)} = 5 \times 0.007$$
$$= 0.035, \ P_3^* = 4 \times P^{(3)} = 4 \times 0.069 = 0.276, \ P_4^* = P_5^*$$
$$= 3 \times P^{(4)} = 3 \times 0.139 = 0.417, \ P_6^* = 1 \times P^{(6)}$$
$$= 1 \times 0.702 = 0.702$$

であり,さらに

$$P_1^* < P_2^* < \alpha = 0.05 < P_3^* < P_4^* = P_5^* < P_6^*$$

であるから多重検定の有意水準を 5% とするとき,$H_0^{(1)} (= H_{014})$ と $H_0^{(2)} (= H_{024})$ が有意に棄却され,他の帰無仮説は棄却されない.すなわち,第 1 群と第 4 群間,および第 2 群と第 4 群間に有意な差がみられ,他の 2 群間には有意な差はない.

表 9.5 の右上 3 各部分にホルム法による調整 P 値を与えた.また,参考のため左下 3 各部分にボンフェロニ法による調整 P 値を与えた.表よりホルム法による調整 P 値は,ボンフェロニ法による調整 P 値より,いずれの場合にも小さいことが分かる.

表 9.5 ホルム法による多重性調整 P 値
（右上の 3 角部分）

	群1	群2	群3	群4
群1		0.702	0.276	0.018
群2	1		0.417	0.035
群3	0.416	0.834		0.417
群4	0.018	0.040	0.834	

左下の 3 角部分は，ボンフェロニ法による多重性調整 P 値を表す．

■■■ 第 9 章のまとめ ■■■

- Neyman-Pearson 流検定の多重性の調整は，有意水準を調整する．これに対して多重性調整 P 値は，P 値を調整する．
- FWE の確率を，例えば 5% に定めると多重性調整 P 値が 5% 未満か，5% 以上かを判定の目安とすることができる上，多重性調整 P 値が小さければエビデンス力が高いという通常の P 値の解釈と同様な解釈ができる．
- ボンフェロニ法による多重性調整 P 値は，1 を超えることがあるので 1 より大きくなったものは 1 でおきかえておく必要がある．これに対して，ホルム法は，その心配はない．さらに，ホルム法では，ボンフェロニ法による多重性調整 P 値よりも小さい値の多重性調整 P 値が得られる．

あとがき

　本書は，P 値の解説書であるが，これまで知られなかった新しい重要な知見もいくつか記載した．

　その一つは P 値の挙動をシミュレーションで評価した結果である．P 値が提案された 1925 年当時，コンピュータはまだ存在せず，Fisher には手が出なかったシミュレーションによる P 値の吟味を本書で行った．

　この結果，特にサンプルサイズが小さいとき，P 値のバラツキが予想以上に大きいことが明らかになった．いいかえれば P 値による統計的「判定」の再現性や，P 値のエビデンス力に疑問を投げかけることができた．

　サンプルサイズをどの程度大きくするとこのような心配がなくなるかの目途を与えるため，P 値による判定の再現性を保証するためのサンプルサイズ決定式を与えた．これらは，新しい結果である．

　ともあれ，P 値は研究結果の判定のために使用すべきではない．研究結果を報告するための過度に単純化されたモノサシでしかない．研究結果は，P 値の他にサンプルサイズ（症例数），評価指標の値，信頼区間などを併せて総合的に報告すべきである．判定は，医学・生物学など対象領域の専門家たちの専門的観点にまかせておけばよい．

　P 値の誤解と誤用は，世界的規模で大問題となっている．2016 年にアメリカ合衆国統計学会が P 値の適正な使用を呼びかけた声明を出し，時の話題となった．この声明に反応して，国内でも 2017 年度統計関連学会連合大会において，日本計量生物学会と日本計算機統計学会の 2 学会で独立して P 値の特別セッションが催された．

　小山 透，近代科学社前社長も，これらのセッションに出席されており「P 値」出版の社会的意義を認識されたようである．本書出版の相談を受けたとき，P 値というタイトルの下で一冊のテキストが書けるのかどうか，正直なところ自信がなかったが，自ら手を挙げ

た．わが国における P 値に関する誤解と誤用も，目を覆うばかりであり，正しい P 値の適用のための啓蒙活動をしたいと強く考えていたからである．

　本書が P 値の正しい理解のために役立てば幸いである．

　本書の出版に関して近代科学社編集部の安原悦子，高山哲司の両氏に大変お世話になった．特に高山氏には，テンプレートの使用に関して懇切丁寧なご教示をいただいた．心より感謝したい．

　執筆中，縁を得て SAS 社 JMP ジャパン事業部の小野裕亮さんから R. A. Fisher の P 値に対する考え方について貴重なご教示をいただいた．また，本シリーズ編集幹事の島谷健一郎先生には原稿を精読いただき有意義なご教示をいただいた．さらに，久留米大学バイオ統計センター講師の大山哲司先生，および大学院生の武富奈菜美さんには原稿に目を通していただき，貴重なコメントをいただいた．併せて心より感謝申し上げたい．

参考文献

[1] Fisher, R. A. (1925): Statistical Methods for Research Workers, 1st Edition, Oliver and Boyd.
（原著は http://psychclassics.yorku.ca/Fisher/Methods/index.htm で見ることができる．）

[2] 解良武士，他 (2017)：心疾患で在宅療養する地域存在高齢者の心身機能の特徴，『日本公衆衛生学会誌』，第 64 巻，第 1 号，3–13.

[3] Teruhiko Fujii et al. (2008): Expression of HER2 and Estrogen Receptor α depends upon nuclear localization of Y-Box bindig protein-1 in human breast cancer, Cancer Research, 68: (5), 1504–1512.

[4] N. Mori, H. Fujita, S. Sueyoshi et al. (2007): Helicobaster pylori infection influences the acidity in the gastric tube as an esophagial substitute after surgery, Disease of Esophagus, 20, 333–340.

[5] Wasserstein RL, Lazar NA Editorial (2016): The ASA's statement on p-values: Context, process, and purpose. The American Statistician, 70, 129–133.

[6] CIBIS Investigators and Committees (1994): A randomized trial of β-blockade in heart failure: the Cardiac Insufficiency Bisoprolol Study (CIBIS), Circulatin, 90, 1765–1773.

[7] CIBIS-II Investigators and Committees (1999): Cardiac Insufficiency Bisoprolol Study II (CIBIS-II), Lancet, 353, 9–13.

[8] Cannon, C. P., Blazing, M. A., Giugliano, R. P., et al. (2015): Ezetimibe added to statin to statin therapy after accute coronary syndromes, New England Journal of Medicine, 377, 2387–2397.

[9] 柳川 堯 (2017)：p 値は臨床データ解析結果報告に有用な優れたモノサシである，『計量生物学』，Vol. 38, No. 2, 153–161.

[10] 柳川 堯，荒木由布子共著 (2018)：『バイオ統計の基礎』，近代科学社.

[11] Neyman, J. and Pearson, E. S. (1928): On the use and interpretation of certain test criteria, Biometrika 20A, 175–240.

[12] Mosteller F., Gilbert JP, McPeek B (1980): Reporting standards and research strategies for controlled trials, Controlled Clinical Trials, 1, 37–58.

[13] Berger, J. O. and Sellke, T. (1987): Testing a point null hypothesis: the irreconcilability of P values and evidence, Journal of the American Statistical Association, 82, 112–122.

[14] 永田 靖 (2003)：『サンプルサイズの決め方』，朝倉出版.

- [15] 柳川 堯 (1982):『ノンパラメトリック法』, 培風館.
- [16] 柳川 堯:『医療・臨床データチュートリアル』 (2014), 近代科学社.
- [17] 柳川 堯, 菊池泰樹, 西 晃央, 椛 勇三郎, 堤 千代, 島村正道 (2011):『看護・リハビリ・福祉のための統計学』, 近代科学社.
- [18] 柳川 堯 (1990):『統計数学』, 近代科学社.
- [19] 野田一雄, 宮岡悦良 (1992):『数理統計学の基礎』, 共立出版.
- [20] Fisher, R. A. (1935): Design of Experiments, Sec. 21, Oliver & Boid, Edinburgh.
- [21] 柳川 堯 (2016):『観察データの多変量解析』, 近代科学社.
- [22] Cannon, C. P., Steinberg, B. A., Murphy, S. A., Mega, J. L. (2006): Meta-Analysis of Cardiovascular Outcomes Trials Comparing Intensive Versus Moderate Statin Therapy, Journal of the American College of Cardiology, Vol 48, Issue 3, 438–445.
- [23] 柳川 堯 (1986):『離散多変量データの解析』, 共立出版.
- [24] Mantel, N. and Haenszel, W. (1959): Statistical aspects of the analysis of data from retrospective studies of disease. J. National Cancer Institute 22, 719–748.
- [25] Stouffer, S. A., Suchman, E. A., DeVinney L. C., Star, S. A., Williams, R. M. Jr (1949): The American Soldier, Vol. 1: Adjustment during Army Life, Princeton University Press, Princeton, USA.
- [26] 松井茂之 (2017):オミクス研究における検証的解析と探索的解析:多重検定と P 値を中心に, 計量生物学 38 巻, 2 号, 127–139.
- [27] Wright, S. P. (1992): Adjusted P-values for simultaneous inference, Biometrics 48, 1005–1013.
- [28] Wholm, S. (1979): A simple sequentially rejective multiple test ptocedure, Scandinavian Journal of Statistics, 6, 65–70.

索引

英数字
α 再現確率, 79
1 標本問題, 54
Fisher の方法, 91
Fisher 流の検定, 42
FWE, 99
FWE の確率の過大化, 99
GWAS, 97
Mantel-Haenszel 検定, 88
Mantel-Haenszel 推定量, 88
Neyman-Pearson 流の検定, 43
pre-post デザイン, 55
Stouffer の統合 P 値, 93

ア
上側 2.5%点, 6

オッズ比, 85

カ
確率的に小さい, 76
確率変数, 3
確率密度関数, 3
片側 P 値, 35
観察研究, 81

棄却点, 51
帰無仮説, 35
共通オッズ比, 88

ゲノムワイド関連研究, 97
検出力, 50
検出力関数, 51
検定の多重性の調整, 99

交絡因子, 87
コンピュータ集約的方法, 37

サ
最強力検定, 51

事前確率, 47
指標, 11
指標の方向性, 34
瞬間危険度, 65
シンプソンのパラドクス, 87
信頼区間, 6

正規分布, 4
正規分布の分散, 4
正規分布の平均, 4

タ
第一種の過誤, 42
第二種の過誤, 42
対立仮説, 35

追跡期間, 66

データのバラツキ, 1

統計的検定, 43
統計的推測, 5

ナ
ノンパラメトリック法, 36

ハ
ハザード, 65
外れ値の箱ひげ図, 9
パラメトリック法, 36

左側対立仮説, 35
評価指標, 11
標本平均のバラツキ, 5

不確実性, 2

平均への回帰, 59
ベイジアン (Beysian), 47

ポアソン過程, 65
ホルム法による多重性調整 P 値, 108
ボンフェロニ多重性調整, 100
ボンフェロニ法による多重性調整 P
　値, 103

マ
右側対立仮説, 35

メタアナリシス, 84

ヤ
有意水準, 43

予測値, 48

ラ
ランダム化 2 群比較試験, 12

両側 P 値から片側 P 値の算出, 91
両側対立仮説, 35

連続型データ, 4

著者紹介

柳川 堯（やながわ たかし）

1966 年	九州大学大学院理学研究科修士課程（統計数学）修了
1970 年	同校 理学博士
1975 年	オーストラリア CSIRO 上級研究員
1977 年	米国立がん研究所客員研究員
1981 年	米国立環境健康科学研究所客員研究員
1982 年	ノースカロライナ大学準教授
1992 年	九州大学教授（理学部）
1993 年	国際統計教育センター（インド）客員教授
1996 年	九州大学大学院（数理学研究院）教授
2004 年	久留米大学バイオ統計センター所長，教授を歴任し
	現在，客員教授

日本計量生物学会賞（2005 年）
日本統計学会賞（2007 年）
日本計量生物学会功労賞（2011 年）

主要著書

『離散多変量データの解析』（共立出版，1986）
『統計科学の最前線』（九州大学出版会，2003）
『環境と健康データ：リスク評価のデータサイエンス』（共立出版，2002）
『統計数学』（近代科学社，1990）
『バイオ統計基礎：医薬統計入門』（共著，近代科学社，2010）
『サバイバルデータの解析：生存時間とイベントヒストリーデータ』（共著，近代科学社，2010）
『看護・リハビリ・福祉のための統計学』（共著，近代科学社，2011）
『医療・臨床データチュートリアル』（近代科学社，2014）
『観察データの多変量解析』（近代科学社，2016）

統計スポットライト・シリーズ 3
P 値　その正しい理解と適用
ⓒ 2018 Takashi Yanagawa　　　　Printed in Japan

| 2018 年 11 月 30 日 | 初版第 1 刷発行 |
| 2019 年 6 月 30 日 | 初版第 3 刷発行 |

著　者　　　　柳　川　　　堯
発行者　　　　井　芹　昌　信
発行所　　　　㈱ 近代科学社

〒 162-0843　東京都新宿区市谷田町 2-7-15
電 話　03-3260-6161　振 替　00160-5-7625
https://www.kindaikagaku.co.jp

藤原印刷　　　ISBN978-4-7649-0583-2
　　　　　　　定価はカバーに表示してあります．

【本書のPOD化にあたって】

近代科学社がこれまでに刊行した書籍の中には、すでに入手が難しくなっているものがあります。それらを、お客様が読みたいときにご要望に即してご提供するサービス／手法が、プリント・オンデマンド（POD）です。本書は奥付記載の発行日に刊行した書籍を底本としてPODで印刷・製本したものです。本書の制作にあたっては、底本が作られるに至った経緯を尊重し、内容の改修や編集をせず刊行当時の情報のままとしました（ただし、弊社サポートページ https://www.kindaikagaku.co.jp/support.htm にて正誤表を公開／更新している書籍もございますのでご確認ください）。本書を通じてお気づきの点がございましたら、以下のお問合せ先までご一報くださいますようお願い申し上げます。

お問合せ先：reader@kindaikagaku.co.jp

Printed in Japan

POD開始日　2023年6月30日

発　　　行　株式会社近代科学社
　　　　　　〒101-0051 東京都千代田区神田神保町1丁目105番地
　　　　　　https://www.kindaikagaku.co.jp

印刷・製本　京葉流通倉庫株式会社

・本書の複製権・翻訳権・譲渡権は株式会社近代科学社が保有します。
・ JCOPY ＜(社)出版者著作権管理機構 委託出版物＞
本書の無断複写は著作権法上での例外を除き禁じられています。
複写される場合は、そのつど事前に(社)出版者著作権管理機構
（https://www.jcopy.or.jp, e-mail: info@jcopy.or.jp）の許諾を得てください。

あなたの研究成果、近代科学社で出版しませんか？

- ▶ 自分の研究を多くの人に知ってもらいたい！
- ▶ 講義資料を教科書にして使いたい！
- ▶ 原稿はあるけど相談できる出版社がない！

そんな要望をお抱えの方々のために
近代科学社 Digital が出版のお手伝いをします！

近代科学社 Digital とは？

ご応募いただいた企画について著者と出版社が協業し、プリントオンデマンド印刷と電子書籍のフォーマットを最大限活用することで出版を実現させていく、次世代の専門書出版スタイルです。

近代科学社 Digital の役割

- **執筆支援** 編集者による原稿内容のチェック、様々なアドバイス
- **制作製造** POD 書籍の印刷・製本、電子書籍データの制作
- **流通販売** ISBN 付番、書店への流通、電子書籍ストアへの配信
- **宣伝販促** 近代科学社ウェブサイトに掲載、読者からの問い合わせ一次窓口

近代科学社 Digital の既刊書籍 （下記以外の書籍情報は URL より御覧ください）

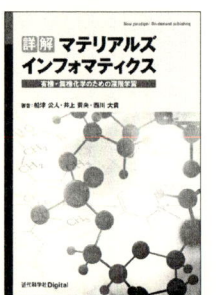

詳解 マテリアルズインフォマティクス
著者：船津公人／井上貴央／西川大貴
印刷版・電子版価格(税抜)：3200円
発行：2021/8/13

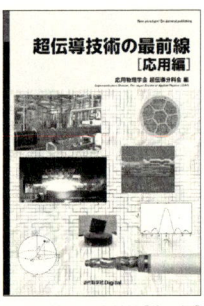

超伝導技術の最前線[応用編]
著者：公益社団法人 応用物理学会 超伝導分科会
印刷版・電子版価格(税抜)：4500円
発行：2021/2/17

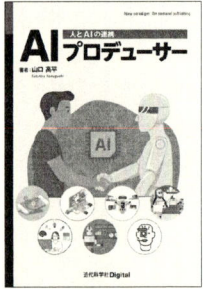

AIプロデューサー
著者：山口 高平
印刷版・電子版価格(税抜)：2000円
発行：2022/7/15

詳細・お申込は近代科学社Digitalウェブサイトへ！
URL: https://www.kindaikagaku.co.jp/kdd/